第一章

办公空间概述

BANGONG KONGJIAN GAISHU

■ **章节概述**:通过对办公空间的形成与发展趋势等基本知识的讲解,阐述其基本概念,使学生初识什么是办公空间,并对办公空间的发展现状有一定的了解。

■ **能力目标**:使学生对办公空间的发展有一定认知,能够清楚地了解办公空间的总体设计要求。

■ **知识目标**:使学生掌握办公空间的基本特征及其构成要素。

■ **素质目标**:使学生具有一定的查找资料和分析资料的能力。

办公空间是为人们提供行政管理以及专业信息咨询等事务处理的室内场所。设计合理舒适的办公空间对提高工作效率有着重要且直接的作用。办公空间在每一个时代都体现它自身作为创造性的交流场所的特点。所有的办公空间设计都是与商业策略一致,并以帮助使用者更进一步发展为目的的。

图 1-1　谷歌特拉维夫办公室(1)

办公空间所特有的功能,决定一个办公空间的设计成功与否,除了美学及空间功能的划分外,其在空间分配、材料使用、灯光布置、色彩选择、用品配置等各个方面均要满足对应的工作性质的机构业务处理的系统性与效率要求,同时也要符合人们正常的行为习惯。只有当办公空间设计满足上述条件时才能创造一个理性、高效、舒适、富于情趣的工作环境(图 1-1 至图 1-3 所示为谷歌特拉维夫办公室)。

图 1-2　谷歌特拉维夫办公室(2)

图 1-3　谷歌特拉维夫办公室(3)

艺术设计 ARTDESIGN

高等院校艺术学门类『十三五』规划教材

办公空间设计

BANGONG KONGJIAN SHEJI

主　编　阎轶娟　韦　杰

副主编　周　芬　崔　嫱　蒋　莉

华中科技大学出版社
http://www.hustp.com
中国·武汉

内容简介

本书包括办公空间概述、办公空间的类型及功能分区，办公空间设计要素、办公空间的界面设计、办公空间设计流程等内容。本书既有办公空间设计的理论知识，又有办公空间设计的实践知识，是指导读者学习办公空间设计的优秀教材。

图书在版编目(CIP)数据

办公空间设计/阎铁娟，韦杰主编. —武汉：华中科技大学出版社，2015.8(2025.7 重印)
高等院校艺术学门类"十三五"规划教材
ISBN 978-7-5680-1221-8

Ⅰ.①办… Ⅱ.①阎… ②韦… Ⅲ.①办公室-室内装饰设计-高等学校-教材 Ⅳ.①TU243

中国版本图书馆 CIP 数据核字(2015)第 211670 号

办公空间设计
Bangong Kongjian Sheji

阎铁娟　韦　杰　主编

策划编辑：彭中军
责任编辑：倪　非
封面设计：龙文装帧
责任校对：张会军
责任监印：张正林
出版发行：华中科技大学出版社(中国·武汉)
　　　　　武昌喻家山　邮编：430074　电话：(027)81321915
录　　排：华中科技大学惠友文印中心
印　　刷：武汉市洪林印务有限公司
开　　本：880mm×1230mm　1/16
印　　张：6.25
字　　数：182 千字
版　　次：2025 年 7 月第 1 版第 7 次印刷
定　　价：39.00 元

目录

BANGONG KONGJIAN SHEJI

第一节

办公空间发展概述

办公空间产生于人类组织管理的需要，随着人类社会的发展而发展。完整意义上的办公空间是在阶级社会形成以后，由于社会管理、社会分工逐步的细化，出现了承载这些活动的特定空间——办公空间。只要有统治、领导和管理的人，就同时会有管理的地方。中国办公空间的雏形可以从古代皇宫、衙门等处理政务和事务的场所中看到（图 1-4 为故宫御书房），而西方的议会、宗教议事厅等都是办公空间的雏形。

图 1-4　故宫御书房

18 世纪末到 19 世纪初的欧洲工业革命，使得社会经济从手工农业经济转向机械工业经济，而电灯、电话、打字机的出现也提高了工作效率。办公空间由依附于传统的家庭办公空间转向独立的办公空间，办公相应地由从属性活动发展成独立的产业活动。20 世纪 80 年代，计算机和网络技术的广泛应用彻底改变了人们的时间和空间概念，办公自动化这一概念在这个时代逐渐形成。

随着社会的发展，相应的事务越来越繁杂，工作机构也变得越来越庞大，于是就产生了现代概念的办公空间，出现了较统一的办公时间和相对集中的办公地点，例如城市中相对集中的行政区、商务区，以及写字楼里的工作区等。现代化办公空间如图 1-5 所示。

图 1-5　现代化办公空间(1)

办公的专业化、系统化要求办公的设备条件更加优越、功能更加完善，从而要求办公空间的设计更加丰富和复杂，以符合多元化办公以及个性化管理的需要(见图 1-6)。

图 1-6　现代化办公空间(2)

综上所述，办公空间设计包括办公工作场地和配套空间的设计，它不仅是对艺术装饰元素的运用，而且是对空间各方面的技术整合。现代办公空间是人类活动的主要空间场所之一，是私密和公共空间的集合体，设计这样的空间需要从空间的功能性和舒适性，以及合理分配和规划等方面来考虑。办公空间作为一种开放空间与封闭空间并存的人类工作空间形态，它包含着一种敞开的人际交流场所精神。

第二节 办公空间基本特征

办公空间的设立为社会整体交换提供一个信息供求与管理的操作平台，使交换更加公平、快速，从而创造更多的商业与社会价值。因此，办公空间的本质就是为人们提供一个通过劳动进行信息处理、信息交换，从而创造价值的群体工作场所。它应该具备以下几个基本特征。

一、交流性

随着社会的不断发展，现代办公空间的性能已从传统意义上的信息处理、存储空间转变成信息的交换和分享。

在现代社会中，工作不仅是人们创造财富的手段，而且是人们更新知识、与人交流的媒介。科学技术的发展为办公空间提供了更快捷、更简便的信息处理与交换的工具，为信息的搜集与分享提供了更多的选择渠道，但与此同时，空间内部的重要情报也很容易被外界或竞争者获取。因而，现代办公空间的规划与设计要注重对内、对外的不同程度的私密性与开放性的结合，既要保证对外信息的有效传递，又要防止机密情报的外泄，同时还要保证内部信息的自由交流与分享（见图 1-7）。

图 1-7 体现交流性的办公空间

二、社会性

办公空间的基本作用是将人们所需的物质或精神上的供求按照性质、功能的不同进行分门别类的处理，以方便同一行业内事务和信息的管理与咨询。与此同时，社会财富与价值的创造已不是个人劳动所能够完成的工作，详尽的社会分工使得个体劳动更加需要通过团队性整合才能显示其意义，各种行业的从业人员只有分工

图 1-8　体现社会性的办公空间

合作、统一管理才能相对完整地将有价值的社会信息进行集中、分析与交流(见图 1-8)。因而,现代办公空间的工作是团队性的,是群体性价值创造的场所。

三、能动性

传统办公空间以静态的书面工作为主,办公人员在部门主管的监督之下坐在固定的位置,以便于行政上的管理。而现代办公环境更注重工作质量,尤其是在某些专业咨询服务机构或者是以创意为主要业务的信息提供机构中,办公人员的工作状态更倾向于彼此间的动态交往,办公环境的规划也不再固定于同一种模式之下,工作地点也可随着团队化与个性化的工作方式之间的不断转换而流动于办公室内或办公室外的空间(见图 1-9)。

因此,现代办公空间的规划与设计在部门空间框架相对固定的基础上,更注重动态的信息交流,力求打造一个更宽松、更自由的工作环境,使员工在更放松的状态下充分发挥其主观能动性与集体工作精神,创造更大的商业与社会价值。

图 1-9　体现能动性的办公空间

四、信息化

信息科学技术革命推动着经济发展,迅速改变着社会面貌,深刻影响着办公的方式,它不仅给现代办公带来了效率,而且改变了办公的工作方式和组织机构,从而影响办公空间的布置和设计。

计算机、网络的出现使办公行为超越了时空的界限、缩短了两地的距离,使人们更快捷地获取信息,完成各项工作(见图 1-10)。因此,智能型办公环境是现代社会、现代企事业单位共同追求的目标,是传统办公空间与信息科学技术密切结合的产物,也是办公空间设计的发展方向。

图 1-10 体现信息化的办公空间

五、生态化

在趋于开敞式的大空间办公环境中，追求一种办公性质由事务性气氛向创造性气氛的转化发展，重视作为办公行为主体的人在提高办公效率中的主导作用和意义，这就促使生态化办公环境的应运而生(见图 1-11)。

图 1-11 体现生态化的办公空间(1)

办公空间的生态化体现在用设计手段或借助造景使空间有序布局、使工作流程协调，强调团队工作人员之间的紧密联系与顺畅沟通。它具有在大空间中形成相对独立的小空间景园和休闲气氛的特点，宜于创造和谐的人际和工作关系(见图 1-12)。在环境设计上，它常常采用家具、绿化植物和形式塑造等对办公空间进行灵活隔断，以体现出一种相对集中却又“有组织的自由”的管理模式和“田园氛围”，充分发挥工作人员的积极性和创造能力，使工作人员在富有生气和个性思维的环境中体验个人的价值、提高工作效率。

图 1-12　体现生态化的办公空间(2)

六、多元化

信息科学技术革命促使计算机网络几乎覆盖整个人类活动的范围，它使办公模式呈多元化的趋势发展，出现了许多新的类型。

新的办公模式主要有 SOHO(SMALL OFFICE & HOME OFFICE)型办公方式，即在家办公(见图 1-13)。在家办公，工作时间呈弹性状态，办公空间与家居空间合二为一。工作人员工作时一般较少被其他人干扰，进而提高了工作效率。目前，在家办公的多为作家、广告策划者、编辑、会计师、建筑师、咨询顾问等。

另外还有 LOFT 型办公方式。LOFT 这一建筑理念始于 19 世纪中叶的巴黎，成型于 20 世纪 40 年代的纽约 SOHO 区，并在 20 世纪 50 年代后迅速繁衍至美国芝加哥、洛杉矶等地。LOFT 最初是为工业使用建筑而建造的，逐渐演绎为由废旧厂房改造成的灵活多变的、工作生活为一体的艺术工作室等大型空间(见图 1-14)。

LOFT 型办公空间中粗糙的柱壁、灰暗的水泥地面、裸露的钢结构形成一种破败的、磨损的、具有历史痕迹的美，这也成为 LOFT 型办公空间最具吸引力的关键因素。LOFT 型办公空间成为一种典型的象征空间，并演绎为一种前沿文化，也成为一种炫耀资本的方式。

图 1-13　SOHO 办公室

图 1-14　LOFT 空间

第三节
办公空间的总体设计要求与设计要点

一个经过整合的人性化办公室，所要具备的条件不外乎体现在自动化设备、办公家具、环境、技术、信息和人性化等方面。只有综合考虑这些要素才能塑造一个好的办公空间。

一、办公空间的总体设计要求

1.合理的空间面积分配

室内办公、公共、服务及附属等各类设施用房之间的面积分配比例，房间的大小及数量，均应根据办公楼的使用性质、建设规模和相应标准来确定(见图 1-15)。室内布局既应从现实需要出发，又应适当考虑功能、设施等发展变化后需要调整的可能。根据办公楼等级标准的高低，分配给办公室内人员的面积定额通常为 3.5～6.5平方米/人，设计人员依据上述定额可以在已有办公空间确定工作位置的数量。

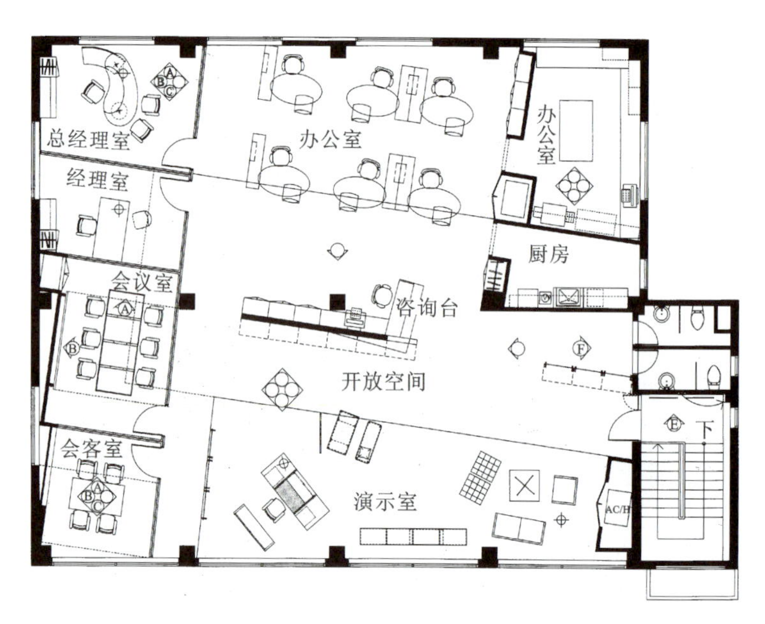

图 1-15　合理的空间布局

2.恰当的功能布局

布局办公空间各类房间所在位置及层次时，应将对外联系较为密切的部分，布置于出入口或近出入口的主通道处。如把收发传达室设置于出入口处，接待、会客以及一些具有对外性质的会议室和多功能厅设置于出入口的主通道处，人数多的厅室还应考虑安全疏散通道。

主体工作区的平面工作位置的设置可按功能需要进行整间统一安排，也可组团分区布置，各工作位置之间、组团内部及组团之间既要联系方便，又要尽可能避免过多穿插，以便减少因人员走动造成的对他人工作的干扰。

3.宜人的空间尺度

办公空间的平面布置应考虑家具、设备尺寸和办公人员使用家具、设备时必要的活动空间尺度，还要考虑各工作单位依据使用功能要求的排列组合方式，以及房间出入口至工作位置、各工作位置相互联系的室内交通过道的设计安排等(见图 1-16)。

同时，从安全疏散和有利于通行角度考虑，带形走道远端房间门至楼梯口的距离不应大于 22 米，且走道过长时应设采光口，单侧设房间的走道净宽应大于 1.3 米，双侧设房间的走道净宽应大于 1.6 米，走道净高不得低于 2.1 米。

图 1-16 宜人的空间尺度

4. 环保的节能设计

环保的节能设计即通过一切技术手段减少办公空间对自然资源和能源的消耗，减少对自然的伤害，注重使用绿色材料，保障员工的健康和提高员工的劳动生产率，为广大员工提供良好的工作环境，体现可持续、高效发展的原则。例如办公空间应具有天然采光，采光系数中窗、地面积比应不小于 1∶6(见图 1-17)。

图 1-17 自然采光设计

二、办公空间室内环境设计要点

办公空间室内设计旨在创造一个良好的办公室内环境。一个成功的办公空间室内设计，需要全面考虑室内划分、平面布置界面处理、采光及照明、色彩的选择、氛围的营造等方面，同时还要考虑不同国家、民族的文化、风俗、传统的影响而呈现出的不同设计取向。同样的，一个办公空间在实际使用中，会产生不同的效果。

1. 合理分层分区

为满足办公空间的使用要求，应按照企业内部的办公模式合理分层和分区，使办公空间对内、对外都有合理的关系。

通过研究建筑平面布局和企业文化、分析企业组织结构和办公模式以及综合各种关联因素，总结出影响办公空间设计的要素，预见未来办公空间发展的趋势，提出未来办公空间设计的方法，从而设计出更加高效且人性化的办公环境。

就一般公司而言，对外关系密切的部门应位于底层或靠近楼层电梯，对外联系相对较少和保密性强的部门应布置在高层或靠近建筑的尾部，关系密切的部门要尽量靠近，主要领导人的办公室应与秘书处、会议室等保持方便的联系。

2. 平面的布置

平面的布置应充分考虑家具及设备占用的面积，员工使用家具及设备时必要的活动空间、各类办公组合方式所必须的面积(见图 1-18)。

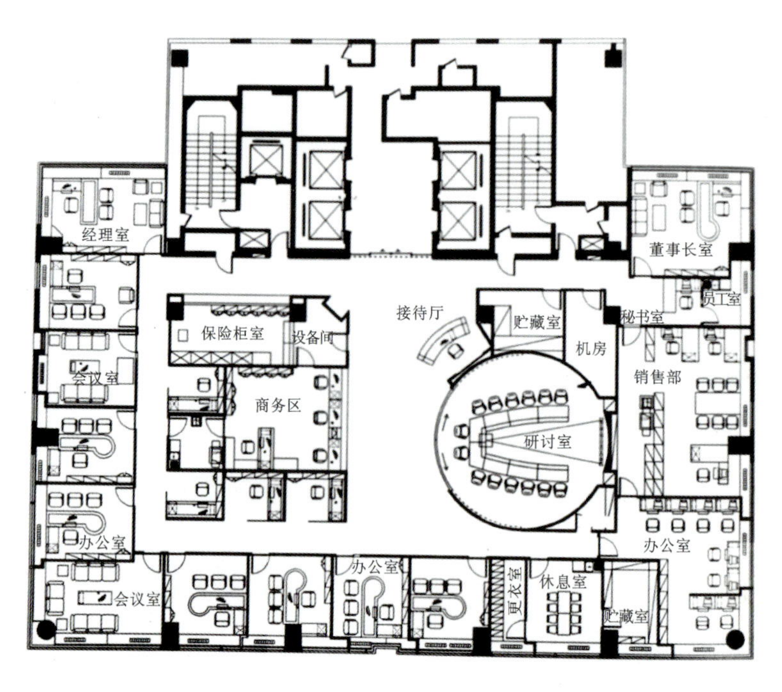

图 1-18　平面布置设计图

3. 创造弹性空间

提高办公空间的灵活性，适应形势的发展与变化。要尽量利用一些可以移动的家具和设备，如可以全方位组装的屏风，可以推拉的隔断，甚至带有滚轮的桌柜等(见图 1-19)。

图 1-19　弹性空间

4. 适当软化环境

现代办公空间惯用硬质材料(如玻璃、不锈钢和石材等),又喜用偏冷的色彩以及采用暴露管线等设施。这些做法有利于体现办公楼的现代性和科技含量,但也容易造成冷漠、生硬的特点而缺少人情味。因此,适当软化环境,做一些有文化内涵且能体现公司特色的装饰设计,注意沟通内外空间、渗透自然景色,将有效的实用性、有人情味的艺术性和先进的科学性统一起来是十分必要的(见图 1-20)。

图 1-20　办公室等候区

不同办公环境对氛围的追求是不同的。在多大程度上和用什么手段软化环境,做法也是不同的。办公环境应有较多的亲切感,这对职工和客人都是有益的。

总体而言,办公空间设计主要应解决好空间使用功能的划分与联系,提供通风、空调、采光、照明、供水、供电、通信等基本保障,处理好办公流程和环境布置,创造满足使用功能、具有鲜明个性特征、舒适和高效的工作环境。

思　考　题

1. 分析互联网的产生对办公空间设计有哪些影响?
2. 根据办公空间的空间形态特征,收集相应的图片资料,并用文字加以分析。
3. 一个合理的办公场所需要注意哪些设计要点?

第二章

办公空间的类型及功能分区

BANGONG KONGJIAN DE LEIXING JI GONGNENG FENQU

■ **章节概述**:通过对办公空间类型的讲解,阐述基本的功能分区要求及不同功能空间区域的特点,以及其所包含的功能因素和在整体空间环境中所产生的影响。

■ **能力目标**:运用所学知识对办公空间进行合理的功能分区,满足其工作需求。

■ **知识目标**:了解办公空间的类型和功能特点。

■ **素质目标**:具备一定的空间分析能力,能够把握办公空间中不同功能区域的合理划分尺度,促成各空间围合体之间的相互呼应关系。

办公空间是指为人们提供办公条件的工作场所,首要任务应是确保工作人员高效率工作,其次是塑造和宣传企业形象。因此,办公空间设计包含的内容十分丰富,设计中所需要考虑的因素也较为复杂,为了更好地把握设计中的规律,首先需要了解办公空间的类型有哪些,其次是应该满足使用功能和艺术功能的双重需求(见图 2-1 和图 2-2)。

图 2-1 办公空间洽谈区

图 2-2 办公空间主体办公区

第一节 办公空间的类型

不同的工作类型对办公空间的属性要求是不同的,充分了解企业类型和企业特征,才能设计出能反映该企业风格与特征的办公空间,才能使设计具有高度的功能性来配合企业的管理机制,同时能够反映企业特点与个性。办公空间所要创造的不仅是某种色彩、形体或材料的组合,而且是一种令人激动的文化、思想和表达形式。

办公空间的风格定位应该是企业机构的经营理念、功能性质和企业文化的反映。因此,不同的企业形象对办公空间的风格起着决定性的影响。如金融机构希望给客户带来信赖感,因此其办公空间在设计上往往比较沉稳、庄重、自然;科技类企业由于代表技术的先进性和精密性,在设计风格上偏重现代、简洁,并对材料的视觉感要求更高;而从事设计类的创造型公司,则更注重视觉上的个性化表达。另一方面,即使是相同类型的企业,由于其服务对象的年龄、文化层次或消费能力不同，其办公空间所体现的风格特征也会根据客户的特点有所不同。

因此，充分了解企业类型和企业特征，才能设计出能反映该企业风格与特征的办公空间，才能使设计具有高度的功能性来配合企业的管理机制，并且能够反映企业特点与个性。从办公空间的业务性质来看，目前有四大类办公空间。

一、行政办公空间

行政办公空间即党政机关、民众团体、事业单位等行政与职能部门使用的办公空间。其特点是部门多，分工具体；工作性质主要是行政管理和政策指导；单位形象特点是严肃、认真、稳重，却不呆板、保守；设计风格多以朴实、大方和实用为主，可适当体现时代感和开放改革的意念（见图 2-3）。

图 2-3　行政办公空间前台

当然，现代行政办公空间有些也大胆地使用较活泼的环境形式来设计。空间的分隔上更为灵活，区域划分也是根据工作的实际需要，以方便工作人员的工作、提高工作效率来考虑。办公环境趋于人性化，色彩和个性化的设计也突破了传统的禁忌。

二、商业办公空间

商业办公空间即企业和服务业单位的办公空间。对商业办公空间来讲，其设计的出发点是让公司体现出其品牌价值、彰显服务理念。因此，装饰风格往往带有行业性质，有时更作为企业的形象或窗口而与企业形象统一。因商业经营要给顾客信心，所以其办公空间装修都较讲究和注重能体现形象的风格。在设计中会运用较多的石材、深色木材和黑灰色调，玻璃和木质感中西合璧，给人以稳重、霸气、收敛、含蓄的感觉（见图 2-4）。

较大的商业办公空间一般设计成开放式办公室，办公模式强调人员流线、人员流线的规划。在人员流线设计上，把经常到达的目的地（如洗手间、楼梯间等公用场所）集中放在一起，放置于办公室中合适的不打扰别人

图 2-4 商业办公空间

工作的地方。

此类办公空间设计重在体现其所经营的商贸项目或产品，设计创意应与此有联想上的关联，与品牌的特点相契合。

三、专业性办公空间

专业性办公空间即一些专业单位所使用的办公空间，使用这类办公空间的行业具有较强的专业性，涵盖了设计机构、科研部门及金融、保险等行业。

如设计师的办公空间，其装饰的整体把握应体现出一定的创新性，装饰格调、家具布置与设施配备都应有时代感和新意。设计不单是体现使用者自身的品位，还要能给顾客信心并充分体现公司的专业特点。此类专业性办公空间的装饰风格特点应是在实现专业功能的同时，体现特有的专业形象（见图 2-5 和图 2-6）。

图 2-5 Skype 加州办公室前厅接待区

图 2-6 Skype 加州办公室开放式办公区

四、综合性办公空间

综合性办公空间是指不能够明确、单一地划分类别的空间形式。例如，有些办公空间有常规的工作环境、办公用具，同时又包含了相关产品的销售区域，甚至可能包含酒店性质的接待空间等，这也是目前比较流行的多功能办公空间的设计做法。

这类办公空间由于不同的使用性质而导致其对办公空间的组织形式、室内布局划分及空间大小的要求也不尽相同。

我们可以从以上看出，随着社会的发展和各行各业分工的进一步细化，各种新概念的办公空间还会不断地出现。

第二节

办公空间的功能分区

办公空间的功能分区基本是按照对内和对外两种功能需求划分，两者所承载的人员性质及功能配置有所不同。对外职能包括前厅（见图 2-7）、接待、等候、客用会议室、客用茶水间（咖啡厅）、展示厅等。对内职能包括工作区、内部洽谈、会议室、打印/复印室、卫生间、茶水间、员工餐厅、资料室等业务服务用房以及机房等技术服务用房。

图 2-7　前台接待区

无论是对内还是对外的功能需求，都要做到布局设计合理，相连的职能部门之间、办公桌之间的通道与空间不宜太小、太窄，也不宜过长、过大。

办公空间根据其空间使用性质、规模、标准的不同，分为主体工作空间、公共活动空间、配套服务空间以及附属设备空间等；按其布局形式可分为开放式、独立式和半开放半独立的随机式三种。合理地协调各个部门、各种职能的空间分配，协调好各功能区域的动线关系，做到不影响办公区的工作环境，同时满足办公人员的使用便利和自身功能要求，是进行办公环境设计的主要内容。

一、以办公环境的空间使用性质分类

1. 主体工作空间

主体工作空间可按照人员的职位等级划分为大小独立单间、公用开放式办公室等不同面积和私密状况的空间。在进行平面布置设计前，应对客户所提出的部门种类、人数要求、部门之间的协作关系充分了解。

1）员工区

现代办公空间的员工区主要包括办公家具、光照、声环境、数字网络等主要内容。员工工作条件的优劣直接影响企业效益，其设计目标应该是实现该区域环境的最优化，使员工得到高性价比的适宜空间感受（见图2-8）。在进行员工区布置设计时，应注重不同工作的使用要求，还应注意人和家具、设备、空间、通道的关系，做到方便、合理、安全。

图 2-8　开敞式办公区

2）部门主管办公空间

部门主管办公空间一般应与其所管辖的部门临近，可设计成单独的办公空间，或者通过矮柜和玻璃间壁将空间隔开，并面向员工方向。空间内除了设有办公桌椅、文件柜之外，还设有接待谈话的座椅，在面积允许的条件下还可以增加沙发、茶几等设备（见图2-9）。

图 2-9　部门主管办公空间

3)领导办公空间

领导办公空间应选择有较好通风采光且方便工作的位置,其空间要求相对较闭合、独立,这是出于管理便利和安全的考虑(见图 2-10)。

图 2-10 总经理办公室

这类办公空间面积要宽敞、家具型号也较大。家具的布置一般包括办公桌、文件柜、座椅等,办公用椅后面可设饰柜或书柜,增强文化气氛和豪华感,还可增设带沙发、茶几的谈话区和休息区。办公设备包括计算机、电话、传真等。办公桌最好面对、斜对或侧对入口,而不要背对入口。总体而言,设计此类办公空间时应保证有足够的空间去满足其办公功能,并注意结合空间使用者的审美情趣。

2. 公共使用空间

公共使用空间是指用于办公楼内聚会、接待、会议等活动需求的共用空间。一方面,公共使用空间在功能需求上可以提供相同的设施服务,会议室就是一个公司日常会议及讨论使用最多的空间;另一方面,公共使用空间在工作方式上又可以根据工作者的不同需求来满足其生理及心理需求。

办公场所中的公共使用空间一般包括有大、中、小接待室和大、中、小会议室以及各类大小不同的展示厅、资料阅览室、多功能厅和报告厅等。

1)前厅接待室

作为公共区最重要的组成部分,前厅接待室是最直接的向外来者展示机构文化形象和特征的场所,并为外来访客提供咨询、休息等候的服务。另外,其在平面规划上是连接对外交流、会议和内部办公的枢纽(见图 2-11 和图 2-12)。前厅接待室基本组成有背景墙、服务台、等候区或接待区。

总之,前厅接待室的设计应注重人性化的空间氛围和功能设置,让来访者在短暂的等候停留过程中在一个舒适的环境里充分感受办公空间的文化特征。在面积允许的前提下,还可设计一些园林绿化小景和装饰品的陈列区。

图 2-11 前厅(1)

图 2-12 前厅(2)

接待室的主要功能是洽谈和客人等待的地方,是公司或企业对外交往、宣传的窗口。空间区域规划需根据企业公共关系活动的实际情况而设定其面积大小。对于区域的选择,尽可能设置在靠近楼梯或电梯的地方,避免影响工作区的员工。在装饰风格上，可根据公司的整体形象在墙面进行特定造型，顶面、地面以及家具的选择上需充分配合整体风格（见图2-13）。接待室可与门厅、陈列室结合起来设计，一方面可以很好地宣传公司的整体形象，另一方面也可以提高利用效率。

2）会议室

会议室在现代办公空间设计中具有举足轻重的地位。会议室的室内设计首先要从功能出发，满足人们的视觉、听觉及舒适度要求，其次也要在形式上适当地体现出一定的个性（见图2-14）。

会议室按空间类型分为封闭式会议室和非封闭式会议室两种类型。封闭式会议室从空间的组织来看，组成会议室的各个界面完全围合，与其他空间隔绝，具有很强的领域感、安全感和私密感，与周围环境的流动性较差（见图2-15）。非封闭式会议室主要是指一些小型的、非正规的会议室，它的各界面没有完全封闭起来，与其他空间有一定交流（见图2-16）。

图2-13　接待室

图2-14　会议室

图2-15　封闭式会议室

会议室按照空间尺寸及可容纳的人数分为大型会议室、中型会议室、小型会议室。通常情况下，以会议桌为核心的会议室人均额定面积为1.8平方米，无会议桌或者课堂式座位排列的会议空间中人均所占面积应为0.8平方米（见图2-17）。小型会议室在空间营造时倾向于具有亲和力的氛围，空间各界面处理设计较简单，主要通过灯光及局部吊顶造型突出会谈区域、烘托气氛。

大型会议室应根据使用人数和桌椅设置情况确定使用面积，在功能上应保证人员的流线安排要清晰、简单，便于快速聚集及疏散。同时，会议室的功能配置非常重要，其基本配置应该有投影屏幕、写字板、储藏柜、遮光设备。在强弱电设计上，地面及墙面应预留足够数量的插座、网线；灯光应分路控制为可调节光。同时应根据公司的需求考虑是否应设麦克风、视频会议系统等特殊功能。

图 2-16 非封闭式会议室

图 2-17 Google 无会议桌会议室

3)陈列展示区

陈列展示区往往与接待室设计在一起，它对外展示机构形象，以达到让客人多方位了解企业文化的目的（见图 2-18）；对内宣传企业文化、增强企业凝聚力的功能。作为独立的展示间，应避免阳光直射而尽量用灯光作照明。另外，也可以充分利用会议室、公共走廊等公共空间的剩余面积或墙面作为展示。

图 2-18 陈列展示区

3. 配套服务空间

配套服务空间是指为主要办公空间提供信息、资料的收集、整理存放需求的空间以及为员工提供生活、卫生服务和后勤管理的空间，主要包括为办公工作提供方便和服务的辅助性功能空间。

通常有资料室、档案室、文印室、计算机房、晒图室、员工餐厅、开水间以及卫生间、后勤、管理办公室等。

图 2-19　资料室

1）服务用房：档案室、资料室、图书室、打印/复印室

档案室、资料室、图书室应根据业主所提供的资料数量进行面积计算，应尽量布置在不太重要空间的剩余角落内。在设计房间尺寸时，应考虑未来存放资料或书籍的储藏家具的尺寸模数，确保以最合理有效的空间放置设施（见图 2-19）。此类型空间还应采取防火、防潮、防尘、防蛀、防紫外线等措施，地面应用不起尘、易清洁的材料装修。

由于噪声和墨粉对人体的伤害，打印/复印房主要考虑墙体的隔音以及良好通风。不同的机构性质会有不同的设计原则，某些机构会设立专门的打印/复印机房，有些机构则根据工作需要将机器安置于开放办公区域或各部门内。

2）卫生间、开水间

卫生间和开水间在很多项目中是作为建筑配套设施提供给使用者。但在一些设计项目中，业主会提出增加内部卫生间和开水间，或在高级领导办公室内单独设立卫生间。在设计时，不仅要考虑根据使用人员数量确定面积和配套设施以及动线上的使用便利，而且应了解现有建筑结构，考虑同原有建筑上下水位的关系，从而确定位置或及时与给排水设计人员沟通，充分考虑增设过程中可能会遇到的问题。

在办公空间中，公共卫生间距最远的工作点应不大于 50 米，并设有前室，前室内宜设置洗手盆以供盥洗。前室的设置可以使公共卫生间不直接暴露在外，阻挡视线，避免气味外溢（见图 2-20）。

图 2-20　卫生间

3）后勤区：厨房、咖啡/餐厅、休闲娱乐

后勤配套服务的目的在于为工作人员提供一个短暂休息、交流的场所。因而，在环境和设施上应做到卫生、健康和高效，在隔音方面应避免对其他部门造成影响。在平面布局设计时，需要注意与周围环境的关系，结构上要做吸音处理。排风系统的运转应保证良好的空气质量。室内墙面、地面以及台面等材料应易于清洁保

养(见图 2-21 和图 2-22)。

图 2-21　办公空间休闲区

图 2-22　办公空间茶水间

4. 附属设施空间

附属设施空间是保证办公大楼正常运行的附属空间。通常包括配电室、中央控制室、水泵房、空调机房、电梯机房、锅炉房等。

根据设备的大小规模、功能和其服务区域以及附属设备用房的尺度、安置位置均会有所不同,大型或危险系数较高的附属设备通常会远离公共办公区域,小型设备则可就近安排在负责保管维修部门之中。

综上所述,办公功能区域的安排,必须要符合工作和使用的方便。从业务的角度考虑,通常的布置顺序是门厅—接待室—洽谈室—工作室—领导室—董事长室;如果是层楼,则从低层至高层顺排。除此之外,还应考虑每个工作程序所需要的相关辅助功能区,例如接待和洽谈的区域,需要产品展示间和茶水间这样的空间;而领导办公室还应有秘书、财务、会议等部门为其服务,这些辅助部门应根据其工作性质放在合适的位置。

二、以办公环境的空间布局分类

办公空间一般可分为固定空间和可变空间两大类。固定空间是指主体建筑工程完成时,由顶面、地面以及墙面所围成的空间。而可变空间一般是指在固定空间内用隔断、隔墙或家具等把空间再次划分成不同空间类型所形成的空间形态。因此,从办公空间布局形式来看,办公空间一般可分为开放式办公空间、独立式办公空间、半开放半独立式办公空间和景观办公空间四种类型。

1. 开放式办公空间

开放式办公空间是将若干部门设置在一个大空间之内,而每个工作人员的工作位之间不加分隔,或利用不同高度的矮隔板进行分隔,或借助办公桌椅形成自己相对独立的办公区域。其基本原则是利用不同尺度规格的办公家具将这一区域内不同级别的单元空间进行集合化排列(见图 2-23)。

开放式办公空间不仅有利于管理者对员工进行监督,也有利于员工之间保持良好的沟通、交流状态,但由于每个人的工作都处于公众视线之内,工作的自律性较小,也会降低个人能动性和积极性的发挥。所以,开放式办公空间中家具、间隔的布置,既需要考虑个人的私密性和领域性要求,又要注意人员之间交往的合理距离,还要注意空间内人员的流线规划(见图 2-24)。

设定开放式办公区的面积时,首先应当了解所要使用的标准办公单元、主管级较大办公单元、标准文件柜

图 2-23　开放式办公空间(1)

图 2-24　开放式办公空间(2)

的尺寸及数量等具体设施要求。一般办公状态下,普通级的文案处理人员的标准人均使用面积为 3.5 平方米,高级行政主管的标准面积至少 6.5 平方米,专业设计绘图人员的标准面积则需要 5 平方米。

2. 独立式办公空间

顾名思义,独立式办公空间就是相对于开放式办公空间的一种封闭工作环境。这种办公空间类型至今仍被许多企业采用,其良好的私密性为办公人员提供了一个安静的工作环境,办公区域之间互不干扰,办公室内的设施可以独立掌控。独立式办公空间形式缺乏灵活性,设计往往过于呆板,不利于部门之间的沟通与合作,但对于个人或部门来说则具备了较好的私密性和领域性(见图 2-25)。

图 2-25　独立式办公室

独立式办公空间按照工作人员的职位等级一般分为普通单间办公室和套间办公室。普通单间办公室净面积不宜小于 10 平方米,套间办公室包含卧室、会议室、卫生间等功能。

独立式办公空间可根据需要使用不同的间隔材料,分为全封闭式、透明式和半透明式。封闭式单间办公室具有较高的保密性;透明式办公空间除了采光较好外,还便于领导和各部门之间相互监督及协作,透明式办公空间可通过加窗帘等方式改为封闭式。

3. 半开放半独立式办公空间

介于开放与独立之间的办公空间自然就可以称为随机式办公空间，即半开放半独立式办公空间。这种空间布局随意性强、分隔灵活，多用于有一定特点的专业性工作空间的设计中，比如艺术家工作室、设计师工作室等（见图 2-26）。

图 2-26　半开放半独立式办公空间

4. 景观办公空间

景观办公空间最早兴起于 20 世纪 50 年代末的德国，并于 1967 年在美国芝加哥举办了首次国际景观办公建筑会议。景观办公室的出现是对早期的现代主义办公空间忽视员工需求的一种反思，在一定程度体现了人本思想，适应了时代发展。

景观办公，顾名思义就是一种景观中办公，是一种好的视觉环境，对公司的管理制度来说也是一种开放型的、宽松的办公环境（见图 2-27）。景观办公空间的设计在室内布局与空间规划上需要遵循一定的规划原则，以

图 2-27　景观办公空间

彰显景观办公的理念。例如,布置办公家具与室内配套设施时,要以人与工作为前提;对于室内的柔化布置、景观小品等,需要使环境的布置体现出更多的人文关怀。

景观办公空间的环境氛围改变了过去的压抑感和紧张气氛,有利于员工个人与组团成员之间的沟通,易于创造感情和谐的人际与工作关系,提高工作效率。这类形式的办公空间通常被一些小型的个性公司所青睐,可以更为灵活、鲜明地体现出公司的风格与文化。

思　考　题

1. 根据企业类型的不同,办公空间分为哪几类?查找相应的图片资料制作成 PPT,并进行分析。
2. 主体工作空间和公共使用空间的划分原则是什么?
3. 选定一个空间,设想成立自己的公司,构思经营理念和对空间的使用要求,并进行空间功能分区设计。

第三章

办公空间设计要素

BANGONG KONGJIAN SHEJI YAOSU

■ **章节概述**：了解办公空间中不同设计要素需要遵循的设计原则，根据企业的类型、办公空间的格局划分等，采用适当的照明、家具、色彩设计，并以植物绿化进行点缀，懂得办公空间的色彩应用、采光和照明设计的有效结合以及办公家具的陈设。

■ **能力目标**：根据企业的类型进行恰当的色彩应用、采光和照明设计的有效结合以及办公家具的陈设，满足需要遵循的设计原则。

■ **知识目标**：掌握办公空间中家具、照明、色彩等要素的基本配置以及在选择方面的特殊要求。

■ **素质目标**：具备空间设计的整合能力，能对办公空间的设计与规划有整体把握。

光与色是建筑空间中视觉形态的两大基本要素，一个办公空间的整体效果不仅与空间处理、家具、陈设有关，更离不开光与色的合理运用。利用色彩、照明使人产生生理上和心理上的错觉，成为调整空间、美化环境的重要手段。

第一节 办公空间照明设计

办公空间的光线来源于两个方面，即两个采光源：一个是户外自然光线，另一个是室内人造光线。办公空间的照明设计都有其自身的整体系统，并且各个办公区的采光照明之间存在着某种联系。如采取自上而下平均分布的方式配置，采取衍射、反射的方式配置等。因此，在进行办公空间照明设计时，不是孤立地处理采光、照明的关系，而是在一种内在的关联之中去发现和表达这种联系，从而形成一种特定的光序列，创造优良的光环境（见图 3-1）。

图 3-1 办公空间采光照明设计

一、办公空间照明的质量要求

照明质量是衡量照明设计好坏的主要指标，评定照明质量的优劣需要综合考虑以下各个方面的因素，如技术指标、艺术表现、舒适度、安装与维护、节能等方面。

针对不同的办公空间工程项目，各因素所占的权重也不同，但技术指标、舒适度、艺术表现三个因素通常需要重点考虑。

1. 合理的照度水平

照度是指被照物物体单位面积上的光通量值，单位是勒克斯，它是决定被照物体明亮程度的间接指标。在确定设计照度时应该参照《建筑电气设计技术规程》推荐的照度标准，但推荐的照度标准具有一定的幅度，因此取值时应按实际情况慎重考虑（见表 3-1）。

表 3-1　办公空间照度标准

不同功能的场所		平均照度	办公空间	平均照度
非经常使用的区域	暗环境的公共区域	20、30、50	普通办公室	500
	短暂逗留区域	70～100	计算机工作站	500
	不进行连续工作的空间	150～200	设计室、绘图室	750
室内作业区一般照明区域	视觉要求有限的区域	300～500	打印室	500
	普通要求的办公作业区	500～700	接待室、会议室	300～500
	高照明要求的办公区	1000～1500	陈列室	400
精密视觉作业的附加照明区域	长时间精密作业区	2000～4000	休息室	200
	特别精密的视觉作业区	5000～8000	楼梯间、电梯间	150
	特殊精密作业（手术）	8000～15000	走道	100

2. 适宜的亮度分布

大中型办公空间常在顶棚有规律地安装固定样式的灯具（如格栅灯、筒灯等），以便在工作面上得到均匀的照度，并可以适应灵活的平面布局和空间分隔（见图 3-2）。这种均匀的照度是以满足办公书写要求为前提的，但对非办公区域则不需要如此高的照明要求，以免增加耗电量造成浪费。而且从人舒适角度考虑，大面积、高亮的顶棚容易产生眩光，使整个室内光环境变得呆板。因此提倡办公空间采用混合照明方式，即在保持一定照度的顶部照明基础上，增加局部的、小区域的工作面照明。

图 3-2　Skype 加州办公室

3. 避免产生眩光

办公空间是进行视觉作业的场所，所以注意眩光的问题很重要。

眩光是指视野内出现过高亮度或过大亮度对比所造成的视觉不适或视力减低的现象。眩光产生的原因有：光源表面亮度过高，光源与背景间的亮度对比过大，灯具的安装位置不对等。避免产生眩光有以下几种方式。

(1)选择具有达到规定要求的保护角的灯具进行照明,也可采用格栅、建筑构件等对光源进行遮挡,这些都是有效限制眩光的措施。

(2)适当限定灯具的最低悬挂高度可以限制眩光产生,通常灯具安装得越高,产生眩光的可能性就越小。

(3)努力减少不合理的亮度分布,可以有效地抑制眩光。比如墙面、顶棚等采用较高反射比的饰面材料,在同样照度下,可以有效地提高其亮度,避免产生眩光。

二、办公空间的照明设计

光在空间的分布情况会直接影响到光环境的组成与质量。在进行办公空间的照明设计时,要结合视觉工作特点、环境因素和经济因素来选择灯具。同时,办公空间的照明设计不仅要满足照明的基本要求,还要善于利用顶面结构和装饰天棚之间的空间,隐藏各种照明管线和设备管道,并在此基础上进行艺术造型设计,并利用不同材料的光学特性(如透明、不透明、半透明质地)制成各种各样的照明设备和照明装置,根据不同的需要来改变光的发射方向和性能,以增强室内环境的艺术效果,从而取得良好的照明效果和装饰效果。

1.基础照明

基础照明是指大空间内全面的、基本的照明,其特点是光线较均匀,能使空间显得宽敞明亮。这种照明形式保证了室内空间的照度均匀一致,任何地方光线充足,便于任意布置办公家具和设备(见图 3-3)。

办公空间通常使用有金属格栅作为灯罩的荧光灯,将其安装在顶面天花上,这种灯具的规格都有统一的标准,比如长宽分别为:600 毫米×600 毫米、600 毫米×1200 毫米等。现代办公空间形式多样化,照明光源选择也随之丰富,不论选择哪种光源,都应该在性能上满足基本照明要求。

图 3-3　办公空间基础照明

2.重点照明

重点照明是指对特定区域和对象进行的重点投光,以强调某一对象或某一范围内的照明形式。如办公桌上增加台灯,能增强工作面照度,相对减少非工作区的照明,达到节能目的(见图 3-4);对会议室陈设架的展品进行重点投光,能吸引人们的注意力。重点照明的亮度根据物体种类、形状、大小以及展示方式等确定。

图 3-4　办公空间重点照明

3. 装饰照明

装饰照明是为创造视觉上的美感而采取的特殊照明形式，多用于大厅、走廊、会议室、高级办公空间等空间。通常是为了增加人们活动的感官享受，或者为了加强某一被照物的效果，以增强空间层次，营造环境氛围。这种照明通常采用反射光带、造型、点射光等形式（见图 3-5）。

图 3-5　办公空间装饰照明

4. 综合照明

综合照明是在整体照明的基础上，视不同需要而增加的装饰照明。这既能使室内环境有一定的亮度，又能满足工作面上或特殊工作场所的照度标准需要，因而这种照明方式在现代化办公空间室内设计中使用较为普遍（见图 3-6）。

三、办公空间不同功能区域的照明设计

办公空间的功能分区应根据办公机构的性质和工作的特点来考虑，不同功能区域的照明设计是不同的。

1. 集中办公区的照明设计

所谓集中办公区，是指许多人共用的大空间，也是一个组织的主要运行部分，经常根据部门或不同工作分

图 3-6　办公空间综合照明

区，用办公家具或隔板分隔成小空间。集中办公区又称为开敞办公区，所要进行的工作包括阅读、书写、交谈、思考、计算机及其他办公设施的操作等。

集中办公区为适应工作内容的变化，常常变换桌椅、柜子、屏风、盆栽植物的布置，以使办公室的气氛保持新鲜的感觉。因此，这个区域的照明设计常常在顶棚有规律地安装固定样式灯具，以便在工作面上得到均匀的照度(见图 3-7)。

2. 个人办公室的照明设计

个人办公室通常包括总经理室、经理室、主管办公室等，是一个个人占有的小空间，较之一般办公室，顶部照明的亮度能达到一般的照明要求即可，更多的是用来烘托一定的艺术效果或气氛。

房间的其余部分由辅助照明来解决，充分运用装饰照明来处理空间细节(见图 3-8)。

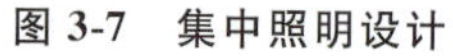

图 3-7　集中照明设计

图 3-8　个人办公室照明设计

个人办公室的照明整体来说是围绕办公桌具体位置而定的，有明确的针对性，对于照明质量和灯具造型都有较高的要求。

3. 会议室的照明设计

会议室的照明设计主要是解决会议桌上的照度达标问题，照度应均匀。同时，与会者的面部也要有足够的照明，保证与会者相互之间能够清晰地看清楚对方的表情，尤其是应保证在有窗的情况下防止靠窗的人们显示出轮廓而需要的面部照度。通常情况下，使人的面部表情能被看清楚，有足够的垂直照度就行了。

对整个会议室空间来说，照度应该有变化，通常以会议桌为中心，进行照明的艺术处理，创造一定的气氛照明，会产生更理想的效果(见图 3-9)。另外要注意饰品、黑板、展板、陈列、陈设的照明，恰如其分的艺术照明在会议室空间中也经常产生令人叹为观止的效果。

4. 入口、门厅的照明设计

入口、门厅是办公楼的进出空间，是给人最初印象的重要场所，要想充分展示公司的业务特征、企业文化和审美品位，除了依靠空间各界面的材料装修以外，还应该充分发挥照明的艺术表现力来增强展示效果（见图3-10）。

图 3-9　会议室照明设计

图 3-10　门厅照明设计

5. 走廊、楼梯间的照明设计

走廊照明注意不要造成往返于相邻场所的人的眼睛不适。荧光灯之类的线状灯具横跨布置可使走廊显得明亮，也可以根据室内设计风格设定导向明确的局部灯光，既可以保障基本照度，又有一定的趣味性（见图3-11）。

楼梯间灯具的布置应努力减小台阶处的阴影和灯具可能产生的眩光，并考虑灯具的更换与维修方便。

图 3-11　走廊照明设计

四、办公空间照明设计的原则

1. 功能性原则

灯光照明设计必须符合功能的要求，根据不同的空间、不同的场合、不同的对象选择不同的照明方式和灯具，并保证恰当的照度和亮度。例如：会议大厅的灯光照明设计应采用垂直式照明，要求亮度分布均匀，避免出现眩光，一般宜选用全面性照明灯具。

2. 美观性原则

灯光照明是装饰美化环境和创造艺术气氛的重要手段。为了对室内空间进行装饰，增加空间层次，渲染环境气氛，采用装饰照明，使用装饰灯具十分必要(见图 3-12)。灯具不仅起到保证照明的作用，而且对其造型、材料、色彩、比例、尺度十分讲究，已成为室内空间不可或缺的装饰品。

图 3-12　装饰照明

3. 经济性原则

灯光照明并不一定以多为好、以强取胜，关键是科学合理。灯光照明设计是为了满足人们视觉生理和审美心理的需要，使室内空间最大限度地体现实用价值和欣赏价值，并达到使用功能和审美功能的统一。华而不实的灯饰非但不能锦上添花，反而画蛇添足，同时造成电力消耗、能源浪费和经济上的损失，甚至还会造成光环境污染而有损身体的健康。

4. 安全性原则

灯光照明设计要求绝对的安全可靠。由于照明来自电源，必须采取严格的防触电、防短路等安全措施，以避免意外事故的发生。

第二节 办公空间色彩设计

办公空间设计的任何造型或布置均以形状和色彩来展现(见图 3-13)。在办公空间设计中，色彩占有相当重要的地位。装饰对象的效果不仅仅与空间处理及家具、陈设和灯光的布置相关，而且更离不开色彩。色彩在办公空间设计中的巧妙应用，不仅会对视觉环境产生影响，还能弥补某些不足，对人的情绪和心理活动产生积极影响。

图 3-13　办公空间色彩设计

一、色彩在办公空间设计中的作用

办公空间是人们群体工作的场所，由于人长期处于室内环境中，不适的色彩关系会使人产生紧张、焦躁等不安情绪，工作就会失去动力，效率随之下降。因此，提高工作效率、创造舒适的办公环境是办公设计的出发点。选用空间界面的色彩时，应注重共性，满足多数人对色彩的舒适性的生理反应，采用中性的、简洁明快的色彩搭配，配色时用同一色相，变化其明度进行配色较为合适，利用装饰色彩构建丰富空间环境。

办公空间色彩的设计，首先要根据对象确立一个色彩基调，也就是色彩的总倾向(见图 3-14)。决定色调的主要因素在于光源色和物体本身固有的色彩倾向，为了实现室内色彩设计的和谐效果，可以通过装饰材料的选择、室内陈设、家具的色彩设计、照明色彩的利用等来达成。

图 3-14　办公空间色彩搭配

二、办公空间的色彩设计原则

现代设计已经越来越趋向于各学科的融合。工业产品设计、视觉形象平面设计、室内办公空间设计已经成为相互关联的系统工作。色彩的设计应配合机构的整体形象及文化特征，体现一致性。在前厅、会议室等内外交流频繁的区域，利用色彩对人们的心理影响，与机构形象和文化特征所强调的色彩元素相结合，创造体现机构形象的色彩环境。

1. 满足功能要求

由于色彩具有明显的心理和生理效果，在色彩设计时应首先考虑功能上的要求，力争体现与功能相适应的个性和特点。

办公空间的色彩要给人一种明快感，这是办公场所的功能要求所决定的，明快的装饰色调可给人一种愉快的心情，给人一种洁净之感。色系搭配选择，可依据企业风格与特征考虑整体的企业形象策划，并以现场空间环境特点去做整体上的颜色搭配，从而创造出完整的、高效的办公环境(见图 3-15)。

图 3-15　满足功能需求的色彩设计

2. 符合构图法则

要充分发挥色彩的美化作用，色彩的配置必须符合形式美的原则，正确处理协调与对比、统一与变化、主景与背景、基调与点缀等各种关系。

1) 基调

色彩中的基调很像乐曲中的主旋律，基调外的其他色彩起着丰富、润色、烘托、陪衬的作用。形成色彩基调的因素很多。从明度上讲，可以形成明调子、灰调子和暗调子；从冷暖上讲，可以形成冷调子、温调子和暖调子；

从色相上讲，可以形成黄调子、蓝调子、绿调子（见图 3-16）。

图 3-16　以蓝色、黄色为基调的色彩设计

办公空间的色彩基调以素雅、自然为宜，形成一种轻松自然的办公环境，有利于工作人员工作效率的提高。

2）统一与变化

基调是使色彩统一协调的关键，但是只有统一而没有变化，仍然达不到美观耐看的目的。统一主色调的办公空间色彩设计在办公空间的色彩设计中，一般大面积的色块不宜采用过分鲜艳的色彩，小面积的色块则宜适当提高明度和彩度。这样，才能获得较好的统一效果与变化效果（见图 3-17）。

图 3-17　色彩的统一与变化

3）稳定感和平衡感

上轻下重的色彩关系具有较好的稳定感。因此，在办公空间的色彩设计中，常采用颜色较浅的顶棚和颜色较深的地面。采用较深的顶棚往往是为了达到某种特殊的效果。

色彩的重量感还直接影响到构图的平衡感，在设计时应加以注意，避免产生不稳、失重等现象。

4）韵律感与节奏感

室内色彩的起伏要有规律性，要形成韵律与节奏。为此，要适当地处理门窗与墙、柱以及窗帘与周围部件等的色彩关系，有规律地布置办公桌、资料柜、沙发、设备等，有规律地运用装饰画和饰物等，以获得良好的韵律与节奏感。

3. 注意色彩与材料的配合

色彩与材料的配合主要解决两个问题：一是色彩用于不同质感的材料，将有什么不同的效果；二是如何充分运用材料本色，使室内色彩更加自然、清新和丰富。材质和色彩往往是相互作用、相互影响的，材料的质地有时候就已经决定了色彩的选择。但有些材料则可以通过调和、擦色等技术手段来改变其本来面目。

同一色彩用于不同质感的材料，效果相差很大。它能够使人们在统一之中感受到变化，在总体协调的前提下感受到细微的差别。颜色相近，协调统一；质地不同，富于变化。应从坚硬与柔软、光滑与粗糙、木质感与织物感的对比中来丰富室内环境。

三、办公空间色彩设计的步骤

在办公空间设计过程中，色彩设计并非是完全独立的过程，它必须与整体设计相协调，并在总体方案确定的基础上进行具体的色彩深化，以获得更好的效果。色彩设计的步骤如表 3-2 所示。

表 3-2　办公空间色彩设计步骤

设计步骤	主要任务	主要资料
方案图	草图构思、确定大方案	设计草图、材料色彩样本
考虑整体与布局	协调总图与各使用空间设计	方案设计图（平面、立面、剖面）
考虑装修节点	编制节点一览表	施工图
参阅标准色彩图	室内色彩的深入推敲	设计标准色、使用材料样本
确定基调色、重点色	确定色彩，编制色彩表、色彩设计图	
施工监理	现场修正、追加、设计变更	

第三节 办公空间家具设计

办公家具从使用功能上分为工作家具和辅助家具。工作家具指为满足工作需要而必须配备的工作台、工作椅、文件柜等。辅助家具则指为满足会谈、休息、就餐等功能以及特殊的装饰的陈设家具。

办公家具的配置应当根据家具的使用功能、结构和原理，针对不同的空间进行合理配置。它是办公空间设计的主体，与人的接触最为密切，它设计的好坏直接影响到工作人员的生理和心理健康、办公的质量和效率等。

因此，选择合适的家具与布置对办公空间的设计尤为重要（见图3-18）。

图3-18 办公家具设计

一、办公家具的选择要点

1. 符合使用功能

这是指人的身体各部分在使用办公家具时要舒适、方便和安全，即利用现有的空间提供给工作人员便利的工作环境，扩大空间的使用率，提高工作人员工作效率的同时，满足人们工作的舒适性。

2. 形象特征

办公空间设计的一个重要任务就是塑造单位的形象，而家具作为其中重要的部分，起着不可忽视的作用。一方面，可以通过大规模的整体造型、材质和色彩来确定空间风格和机构性质；另一方面，也可采用中性、简洁的家具形式、色系搭配来配合由空间界面的材质、色彩所营造的整体氛围，体现办公空间整体形象。

因此，家具的形式不但要美观实用，而且还应与用户的业务性质和应有的单位形象一致，并在其中起到协调和点缀的作用。

3. 家具的形式要与整体环境相协调

家具相对于室内空间来讲，具有较大的可变性。设计师往往利用家具作为灵活的空间构件来调节内部空间关系，变换空间使用功能，或者提高室内空间的利用效率。另外，家具相对室内纺织品和装饰物来讲，又有一定的固定性。家具布置一旦定位、定型，人们的行动路线、房间的使用功能、装饰品的观赏点和布置手段都会相对固定，甚至房间的空间艺术趣味也因之而被确定（见图3-19）。

图3-19 办公家具与环境的整体性

在处理有关家具的设计问题时，不能脱离整体、脱离统一的室内空间组合要求而孤立地处理家具的设计与布置，设计师必须在设计过程中，了解家具的种类、特点及与家具有关的人体工程学知识，把握在室内空间中对家具进行合理布局的一般原则，才能充分利用这一室内空间构件营造出丰富、宜人的室内空间形态。

4. 选择合理耐用的材料

家具除了好用之外，还应有合理的结构和耐用的材料，只有这样才牢固、安全和易于搬动。目前，办公家具按使用材料的不同分类，有以下几种。

1）原木家具

原木家具是一种传统的家具类型，其主要特点是造型丰富、色泽自然、纹理清晰而有变化，有一定的韧性和透气性。适用于家具的主要木材有水曲柳、松木、杉木、樟木、红木、花梨、紫檀等。原木家具价格昂贵，很难大量普及，常用于领导办公室或为空间作点缀之用。

2）胶合板家具

胶合板家具包括夹板、中纤板、密度板、刨花板，是目前用得最多的办公家具。其优点是取材和制作容易，既适合工厂大批生产，也适合施工单位现场制作，材料不变形或少变形，饰面多且色泽均匀，饰面可漆各种油漆或贴各种材料（如防火板、金属板、皮革等），还可做各种造型，如弧形、几何形等（见图 3-20）。

图 3-20　胶合板办公家具

3）多材质家具

多材质家具由金属、木材、胶合板、玻璃、塑料、石材、人造皮革或真皮等两种以上的材料构成。这类家具因能以不同材料满足人们对家具不同部位的不同要求而发展很快。

目前，座椅类几乎全是这种产品，而且不少台和柜也按这种方式制作。这种家具质感丰富，且可取各材料的优点，无论在形式、用途、使用效果方面，还是价格比方面，都有相当的优势。

二、各类办公家具的设计

1. 办公桌

办公桌是办公空间中的主要家具，是工作人员进行业务活动和处理事务的基本平台。办公桌的宽度、高度和深度决定了人的业务范围和身体姿势，其设计要求能高效、便捷、舒适地完成各种办公工作。一般有独立式、组合式等几种形式。

1)独立式

独立式办公桌是一个独立体，尺寸可大可小。一般小的办公桌长宽为 600 毫米×950 毫米，高为 700～750 毫米(男)、700～740 毫米(女)，即可满足基本办公要求。办公桌的设计应从人体工程学的原理出发，以满足办公的不同要求，并应随办公用品及设施所占面积大小的变化而变化。

2)组合式

组合式办公桌是由两个基本家具单元组合而成的，通过组合该类办公桌在不同方向上都有增加，以满足人员工作时的尺度要求，使不同的工作内容秩序化。这类办公桌在结构组织上灵活多变，在形态上丰富、生动(见图 3-21 和图 3-22)。

图 3-21　组合式办公桌

办公单元的组合形式主要受空间的大小、工作的性质以及单体办公桌的造型影响。现代办公家具多以购买成品为主，因此家具的设计多体现在办公单元的组合方式上，其设计的优劣直接影响到空间的利用率、工作协调性、员工的心理状态以及企业形象。

图 3-22　办公桌组合形式

总的来说，办公单元的尺度设计要充分考虑工作人员工作时的活动区域，以及根据不同职务人员的潜在心理需求来设计屏风和隔断。

2. 办公椅

办公椅和办公桌是一个完整体，同样是办公空间中重要的家具。办公椅的坐面、高度、深度、曲面、靠背的倾斜角度等则决定了人坐着时的舒适度和办公效率。因此，座椅应结合人体工程学的规律，合理安排座椅结构的各个方面并能自如地调节，提高座椅的舒适度，以满足不同体型人员的需要，从而减轻因长期使用而产生的疲劳感，增加办公工作的效率(见图 3-23)。

图 3-23　办公椅

图 3-24　正方形会议桌

3. 办公会议家具

常见的会议桌造型有正方形、长方形、圆形、椭圆形、船形、跑道性、回字形等(见图 3-24 至图 3-26)。一般来说，圆形会议桌有利于营造平等、向心的交流氛围；正方形会议桌也基本具备这种感受；而长方形、船形会议桌则比较适合区分与会者的身份和地位。会议桌的大小取决于实际需求，还要结合会议室的空间形状来选择，同时还要考虑会议桌及座位四周的流动空间。

办公会议家具设计中应以会议桌为中心，其他家具在造型、色彩、材料等的使用上要有所呼应，也应作为一个整体来

图 3-25　长方形会议桌

图 3-26　圆形会议桌

设计考虑，整个室内空间环境气氛的布置要求趋向统一。各类家具设计同时需要考虑人体工程学的原理，如会议桌的设计应考虑放置文件、纸张、资料及个人电脑等设备的必要空间，并根据会议性质、内容的不同，提供满足正常开会的桌面空间的需要。

4. 资料储存家具

图 3-27 资料储存家具

资料储存家具是办公空间所需的用于储存文件资料的家具，这类家具可以购买也可以现场制作，无论采用哪一种方式，都应考虑满足合理的存储量和取放方便等方面的要求，并在此前提下尽量节省空间（见图 3-27）。资料柜、架的尺度应根据人体尺度、推拉角度等人体工程学的原理来设计。现在大部分的资料储存家具都有现成品，选择时要根据空间的布局考虑家具的尺度规格。

三、办公家具布置的基本方法

现代商务活动中，存在于办公空间的大部分家具的使用都处于人际交往和人际关系的活动之中，如商务会客、办公交往、会议讨论等。家具设计和布置，如座位布置的方向、间隔、距离、环境、光照，实际上往往是在规范着人与人之间各种各样的相互关系、等次关系、亲疏关系，影响到安全感、私密感、领域感。

1. 家具在空间中的位置形式

1）周边式

家具沿四周墙体布置，留出中间空间的位置（见图 3-28）。空间相对集中，易于组织交通，为举行其他活动提供较大的面积，便于布置中心陈设。

2）广岛式

将家具布置在室内中心部位，留出周边空间，强调家具的中心地位，显示其重要性和独立性，保证中心区不受周边交通活动的干扰和影响。

3）单边式

家具集中在一侧，留出另一侧空间。工作区和交通区截然分开，功能分区明确，干扰小，交通成线形。当交通线布置在房间的矩边时，交通面积最为节约。

4）走道式

将家具布置在室内两侧，中间留出走道，节约交通面积，交通对两边都有干扰（见图 3-29）。

图 3-28 周边式家具布置

图 3-29 走道式家具布置

2.家具布置格局形式

(1)对称式。显得庄重、严肃、稳定而静穆,适合于隆重、正规的场合。

(2)非对称式。显得活泼、自由、流动而活跃,适合于轻松、非正规的场合。

(3)集中式。组合单一的家具,适合于功能比较单一、家具品类不多、房间面积较小的场合。

(4)分散式。组成若干家具组团,常适合于功能多样、家具品类较多、房间面积较大的场合。

不论采取何种形式,均应有主有次、层次分明、聚散相宜。

第四节 办公空间绿化设计

在当前城市环境日益恶化的情况下,人们对改善城市生态环境,崇尚大自然、返璞归真的强烈愿望和要求已经十分迫切,因此,通过室内绿化把人们工作、学习、生活和休息空间变成“绿色空间”,是改善城市环境最有效的手段之一(见图3-30)。

现代办公空间越来越重视绿化设计,设计界推崇的“景观办公空间”模式就是充分利用绿化的典范。一个生机盎然的室内办公空间不仅能减轻员工的工作压力,还能提高工作效率。

图3-30 景观办公空间

一、绿化的作用

办公空间的室内绿化在净化空气、调节气候方面能起到很好的作用,还能吸附空气中的尘埃,从而使环境得以净化。另外,植物在室内的布局中可以起到很好的组织空间、引导空间的作用,以绿化分隔空间是组织空间的一个重要手段。除此之外,利用绿化组织室内空间的同时,还可以兼具分隔空间、联系引导空间、突出空间的重点以及柔化环境、增添生气的功能。

1.分隔空间的作用

室内绿化对空间的限定有别于隔墙、家具、隔断等,它具有更大的灵活性(见图3-31)。由绿化分隔的空间的范围十分广泛,如在两厅室中间、厅室与走道之间、在某些大的空间或场地的交界线以及某些重要的部位进行绿化,可以起到屏风的作用。

2.联系引导空间的作用

联系室内外的方法是很多的,利用绿化更鲜明、更亲切、更自然、更惹人注目和喜爱。将绿化用于不同品格空间的转换点,具有极好的引导和暗示作用,有利于积极地组织人流、导向主要活动空间和出入口。

图 3-31　绿化的分隔空间作用

一般在架空的底层、入口门廊开敞性的大门入口，常常可以看到绿化从室外一直延伸进来，它们不但加强了入口的绿化效果，而且使这些被称为模糊空间或灰空间的地方最能吸引人们在此观赏、逗留或休息。

3. 突出空间的重点作用

大门入口处、楼梯进出口处、交通中心或转折处、走道尽头等地方，既是交通的要害和关节点，也是空间中的塑造点，是必须引起人们注意的位置。因此，常放置特别醒目的、更富有装饰效果的，甚至名贵的植物，起到强化空间、重点突出的作用(见图 3-32)。

图 3-32　门厅绿化设计

二、绿化的配置要求

室内植物的选择，首先应注意室内的光照条件，这对永久性植物尤为重要。同时，还要根据空间的大小尺度和装饰风格，从品种、形态、色泽等方面来综合选择植物。

1. 办公空间室内绿化的色彩

室内绿化最大的色彩特点是以绿为主，植物是室内绿化的主体，植物的色彩是通过树叶、花朵、果实、枝条以及树皮来呈现的。不同时令的树叶、花朵和树干虽然含有丰富的色彩，但一般只能起到丰富的作用，从总体上看，植物的色彩依然以绿色为主、其他色调为辅。当各种色彩组合不太协调时，可以选择色彩具有缓冲作用的植物以及灰色的山石来协调。

总之，室内绿化的色彩设计应讲究节制，宁少勿滥，宁雅勿俗。

2. 办公空间室内绿化的形状

任何植物都有自己的形状，室内绿化虽然在设计中常经过人为的选择与加工，但仍有丰富多彩的形状。

就单株盆栽植物的形状而言，一般可以根据其树冠的形状分为垂直形、水平形、下垂形、圆形和特殊形五种，都能给人以不同的心理感受（见图 3-33）。

图 3-33　单株盆栽植物

就树桩盆景中的植物而言，根据其枝干的不同特色也可以使之具有相应的分类。直干形的有雄健之感，斜干形的有动态之美，偃卧形的有奇突之味，下伸形的有苍劲之势，曲干形的有蜿蜒之态，发散形的有飘逸之姿。

从上述分析可以得知，室内绿化的形状丰富多彩，它们都能给人以不同的心理感受，在具体运用时更应注意它们与室内空间环境以及室内家具等的形体关系。根据对比而又统一的原则，选择相应形态的室内绿化，力争取得丰富的视觉效果。

3. 办公空间室内绿化的质感

室内绿化植物的质感主要是指植物直观的粗糙感和光滑感，这种质感受到叶片大小、枝条长短、树皮外形、植物综合生长习性的影响（见图 3-34）。依据质感，一般可将植物分成三类，即粗壮型、中粗型和细小型。

图 3-34　办公环境绿化质感表现

众所周知，缺乏质感变化的环境容易令人感到枯燥乏味，但如果质感变化过多、过强，也同样会使人感到心烦意乱。因此，质感运用时，最重要的一点就是要保证多种质感之间的协调，这也是质感运用的关键。在具体运用中，常以单一或几种质感相似的室内绿化植物为主，形成相似质感，然后再辅以具有质感对比效果的绿化植物。总之，成功的设计应既使质感具有丰富的变化，同时又不失整体的协调感。

4. 办公空间室内绿化的大小

室内绿化的大小变化范围很大，大至数米高的乔木，小至咫尺插花，它们都能给人相应的心理感受。然而，室内绿化的大小并不能任意选定，它们受到诸多因素，特别是比例与尺度的制约。

所谓比例，一般是指办公室内绿化的大小必须与周围环境相协调，以形成良好的比例关系。在高大的空间内，只有选择比较高大的盆栽植物和巨型盆景，才会形成恰当的比例关系，反之就会造成“荒凉感”（见图 3-35）。在小型办公空间中，只有选用较小的盆栽植物和普通盆景，才能形成正常的空间感，否则就会增加拥塞之感（见图 3-36）。

图 3-35　办公环境绿化布置(1)

图 3-36　办公环境绿化布置(2)

确定办公室内绿化植物的大小时，还需考虑到它与人的关系，即尺度的问题。尺度对于形成特定的空间气氛和人的心理感受等方面均具有很大的影响。对人们来讲，在室内布置尺度较大的绿色植物时，容易形成森林感；而布置尺度较小者时，容易形成开敞感。

思考题

1. 简述办公空间照明设计注意事项。
2. 分析办公空间设计中家具与环境的关系。
3. 办公空间设计在用色上有何要求？

第四章

办公空间的界面设计

BANGONG KONGJIAN DE JIEMIAN SHEJI

■ **章节概述**：通过对办公空间界面设计的讲述，让学生对办公空间的界面功能和设计要求有初步的认识和了解，并对市面上所用到的办公空间界面设计中的装饰材料有基本的概念。

■ **能力目标**：能够简单地分辨出办公界面中常见的装饰材料，并且对于其设计要求有较好的掌握。

■ **知识目标**：了解办公空间各界面的要求以及功能特点，掌握不同类型的办公空间在进行界面设计时如何选择适当的装饰材料，以及所要遵循的界面装饰设计原则。

■ **素质目标**：让学生在办公空间设计中，掌握材料分析的能力，把握办公空间界面设计的一些基本设计原则。

对室内空间分隔所组成的元素而言，最基本的是地面、墙面和天棚。对地面、墙面和天棚的处理，即是对底界面、侧界面和顶界面（简称为“三面”）的处理。“三面”处理不仅仅是对一般的建筑室内装修的表面处理，更主要的是如何将这“三面”的处理同整个室内环境气氛设计有机地结合。它既有技术的因素，又有美学的因素。其功能的体现更重要的是在心理上和精神上给人一个舒适的工作环境。

室内办公空间各界面的处理，应考虑管线铺设、连接与维修的方便，选用不易积灰、易于清洁、能防止静电的底、侧界面材料。界面的总体环境色调宜淡雅，如略偏冷的淡水灰、淡灰绿或略偏暖的淡米色等，为使室内色彩不显得过于单调，可在挡板、家具的面料选材上适当考虑色彩明度与彩度的配置。

第一节 办公空间界面的功能特点及要求

一、办公空间各界面的要求

1. 耐久性及使用期限要求

任何界面都受到使用年限的制约，并且应该具有安全性能。

2. 耐燃性及防火性要求

室内设计时，应尽量不使用易燃并且释放大量浓烟及毒气的材料。

3. 无毒

现代室内设计过程中采用的材料大部分是合成品或化学品制成的，因而在使用这类材料时，一定要注意所选用材料是否达到有害气体排放标准。

4. 无放射性

在室内设计的过程中，我们经常会使用一些天然石材，这些材料由于生产地的不同，含有的放射性元素的剂量也是不同的，应该仔细阅读其含量报告。

5. 保暖和隔音性能

保暖和隔音是室内空间的基本要求。因此，在设计时可以采用保暖材料和隔音材料。对一些有特殊要求的室内空间，应进行特殊设计和处理。

6. 审美要求

形式美的原则同样适用于界面设计，但应注意界面设计不是孤立的二维设计，它应该是室内整体空间设计的一部分。

7. 经济要求

经济有时会制约整个设计，设计时应尽量符合经济要求。

8. 便于施工要求

室内设计时，应充分考虑施工做法的可行性，应尽量选择宜施工、好维护的施工做法。

二、办公空间各界面的功能特点

1. 底界面

地面要具有耐磨、耐腐蚀、防滑、防潮、防水、防静电、隔音、吸音、易清洁等功能特点(见图 4-1 和图 4-2)。

图 4-1　办公空间底界面(1)

图 4-2　办公空间底界面(2)

2. 侧界面

墙面要具有挡视线及较高的隔音、吸音、保暖、隔热等功能特点(见图 4-3)。

3. 顶界面

顶棚要具有质轻，光反射率高，较高的隔音、吸音、保暖、隔热等功能特点(见图 4-4)。

三、办公空间界面装饰材料的选用

办公空间中界面装饰材料的选型和材质配置是艺术效果表现的重要因素。空间造型与材质、色彩关系的

图 4-3 办公空间侧界面

图 4-4 办公空间顶界面

有机配置与对比，将创造出某种艺术氛围，形成设计的审美特征和个性。而且设计方案考虑材质与经济因素有关，任意改变材料意味着改变了项目预算。设计表现图应根据设计方案，通过色彩、反光度和纹理的表现正确表达材质的特性，才能比较客观地表现出设计方案的艺术效果。

材料的选择应根据所处的位置不同进行考虑，需要参考的技术标准应包括材料的物理性能、化学性能、材质审美价值等，要考虑材料的物质构造、耐磨与耐久、防潮与防火、有毒气体释放、可造型特征、材料的施工工艺等因素。

1. 适应办公空间的功能性质

办公空间的室内环境应体现一种宁静、严肃的氛围，因此在选择装饰材料时，要注意其色彩、质地、光泽、纹理与空间环境相适应。

2. 适应空间界面的相应部位

不同的空间界面，相应的对装饰材料的物理性能、化学性能、视觉效果等的要求也各有不同，因此需要选用不同的装饰材料。

3. 符合更新、时尚的发展需要

由于现代室内设计具有动态发展的特点，设计装修后的室内环境并不是永久不变的，需要不断更新、追求时尚，以环保、新颖美观的装饰材料来取代旧的装饰材料。

办公空间界面装饰材料的选用，要注意“精心设计、巧于用材、优材精用、一般材质新用”。另外，装修标准有高低，即使是装修标准高的室内空间，也不应是高档材料的堆砌。

第二节 办公空间界面装饰设计的原则与要点

一、办公空间界面装饰设计的原则

1. 统一的风格

办公空间的各界面处理必须在统一的风格下进行，这是室内空间界面装饰设计的一个最基本原则（见图4-5和图 4-6）。

2. 与室内气氛相一致

办公空间具有特有的空间个性和环境气氛要求（见图 4-7 和图 4-8）。在空间界面装饰设计时，应对使用空间的氛围做充分的了解，以便做出合适的处理。

3. 避免过分突出

办公空间的界面在处理上切忌过分突出。因为，室内空间界面始终是室内环境的背景，对办公空间家具和陈设起烘托和陪衬作用，若过分重点处理，势必喧宾夺主，影响整体空间的效果。所以，办公空间界面的装饰处理，必须始终坚持以简洁、明快、淡雅为主。

二、办公空间界面装饰设计的要点

在进行办公空间界面装饰设计时，应着重处理好形状、质感、图案和色彩等要点之间的关系。关于色彩设

图 4-5　设计公司的员工工作区

图 4-6　设计公司的经理工作区

计方面的问题在第四章中专门介绍，在此仅介绍形状、质感和图案 3 个方面的内容。

1. 形状

室内空间的形状与线、面、形相关，形体是由面构成的，面是由线构成的。

室内空间界面中的线，主要是指由于表面凹凸变化而产生的线，这些线可以体现装修的静态或动态，可以调整空间感，同时也可以提高装修的精美程度。例如，密集的线束具有极强的方向性；沿走廊方向表现出来的直线，可以使走廊显得更深远。室内空间界面中的形，主要是指墙面、地面、顶面的形，形具有一定的性格，是由

图 4-7　商贸公司会议室

图 4-8　商贸公司总经理办公室

人们的联想作用而产生的。例如，棱角尖锐的形状容易给人以强壮、尖锐的感觉；圆滑的形状容易给人以柔和、迟钝的感觉；正圆形中心明确，具有向心力或离心力（见图 4-9）。

设计者要统一考虑线、面、形的综合效果。面与面相交所形成的交接线，可能是直线、折线，也可能是曲线，这与相交的两个面的形状有关。

图 4-9　墙面形状

2. 质感

建筑装饰材料可分为天然材料与人工材料，硬质材料与软质材料，精致材料与粗犷材料等。材质是材料本身的结构与组织。质感是材质给人的感觉和印象，是材质经过视觉和触觉处理后而产生的心理现象。

在进行办公空间界面的装饰设计时，必须全面地掌握材料的性格特征，并能合理地选用。为此，在选择材料性格特征的过程中，应注意把握好以下几点。

1）确保材料性格与空间性格相吻合

室内空间的性格决定了空间的气氛，空间的气氛构成则与材料性格密切相关。因此，在选用材料时，应注意使其性格与办公空间气氛相匹配。例如，门厅可选用天然石材、金属材料、玻璃灯，利用材料光滑明亮的效果来体现一种现代感和严肃性；经理室则可选用木材、素面墙纸、织物等，来创造一种轻松的、人性化的氛围。

2）充分展示材料自身的内在美

天然材料自身具备许多人无法模仿的美的要素，如花纹、图案、纹理、色彩等，因而在选用这些材料时，应注意识别和运用，并充分展示其内在美。例如，石材中的大理石、花岗岩，木材中的水曲柳、柚木、红木等，都具有天然的纹理和色彩（见图 4-10 和图 4-11）。只要充分展示好每种材料自身的内在美，即使花费较少，也能获得较好的效果。

图 4-10　地面材料大理石

图 4-11　家具材料水曲柳

3）注意材料质感与距离、面积的关系

同种材料，当距离远近或面积大小不同时，它给人的质感往往是不同的。例如，毛石墙面近观很粗糙，远看则显得较平滑；表面光洁度好的材质越近感受越强，越远则越弱；光亮的金属材料作镶边用时，显得特别光彩夺目，但大面积使用时，就容易给人凹凸不平的感觉。因此，应在设计时充分把握这些特点，并在大、小尺度不同的空间中巧妙运用。

3. 图案

墙面、地面和顶棚有形有色，这些形和色在很多情况下，又表现为各式各样的图案（见图 4-12 和图 4-13）。

图 4-12　墙面图案表现(1)

室内环境能否统一协调而不呆板、富于变化而不混乱，都与图案的设计密切相关。装饰性图案可以用来烘托室内气氛，甚至表现某种思想和主题。无论动感图案还是静感图案，都有不可忽视的表现力。如抽象而简洁的几何图案，可以使办公空间更大方、明快；具有主题性的重点图案，可以成为视线的焦点。

图 4-13　墙面图案表现(2)

第三节 办公空间各界面的装饰设计

一、顶棚装饰设计

顶棚不像地面与墙面那样与人的关系非常直接，但它确实是室内空间中最富于变化和引人注目的界面。

1. 顶棚装饰设计的要求

1)注意顶棚造型的轻快感

办公空间要有一种舒适、宁静的气氛，轻快感是办公空间顶棚装饰设计的基本要求，所以应从形式、色彩、质地、明暗等方面充分考虑该原则。

2)满足结构和安全要求

顶棚的装饰设计应保证装饰部分结构与构造处理的合理性和可靠性，以确保使用的安全，避免意外事故的发生。

3)满足设备布置的要求

办公空间顶棚上的各种设备布置集中，中央空间、消防系统、强弱电错综复杂，设计时必须综合考虑，妥善处理。同时，还应处理好通风口、烟感器、自动喷淋器、扬声器等与顶棚面的关系。

图 4-14 平整式顶棚

2. 常见办公空间的顶棚形式

1)平整式顶棚

平整式顶棚的特点是顶棚表面为一个较大的平面或曲面(见图 4-14)。这个平面或曲面可能是屋顶承重结构的下表面，其表面用喷涂、粉刷、壁纸等装饰，也可能是用轻钢龙骨纸面石膏板、矿棉吸声板、铝扣板等材料做成的平面或曲面形式的吊顶。

平整式顶棚构造简单，外观简洁大方，其艺术感染力主要来自色彩、质感、分格以及灯具等各种设备的配置，它是一种常见的办公空间顶棚形式。

2)悬挂式顶棚

在承重结构下面悬挂各种折板、格栅或者饰物，就构成了悬挂式顶棚(见图 4-15)。办公空间采用这种顶棚形式除了满足照明要求外，也是为了追求某种特殊的装饰效果，例如在开敞办公区里对局部区域的限定等。

悬挂物可以是金属、木质、织物，也可以是钢板网格栅等。悬挂式顶棚使吊顶层次更加丰富，能取得较好的视觉效果。

图 4-15 悬挂式顶棚

3)分层式顶棚

办公空间的顶棚可以做成高低不同的层次，即为分层式顶棚(见图 4-16)。在低一级的高差处常采用暗灯槽，以取得柔和、均匀的光线。

分层式顶棚的特点是简洁大方，与灯具、通风口的结合更自然。在设计这种顶棚时，要特别注意不同层次间的高度差，以及每个层次的形状与空间的形状是否相协调。

4)玻璃顶棚

现代大型办公建筑的大空间，如门厅、展厅等，为了满足采光的要求，打破空间的封闭感，使环境更富情趣，除把垂直界面做得更加开敞、空透外，还常常把整个顶棚做成透明的玻璃顶棚(见图 4-17)。

玻璃顶棚由于受到阳光直射，容易使室内产生眩光和大量辐射热，且一般玻璃易碎又容易砸伤人，因此，可视实际情况采用钢化玻璃、有机玻璃、磨砂玻璃、夹丝玻璃等。

在现代办公空间中，还常用金属板或钢板网做顶棚的面层。金属板主要有铝合金板、不锈钢板、镀锌铁皮、彩色薄钢板等。可以根据设计需要在钢板网上涂刷各种颜色的油漆；可根据需要在不锈钢板上打圆孔，这种形式的顶棚视觉效果丰富，颇具时代感。

图 4-16　分层式顶棚

图 4-17　玻璃顶棚

二、墙面装饰设计

室内墙面和人的视线垂直而处于最明显的位置，内容与形式更加复杂和多姿多彩，对室内装饰效果有决定性的影响。办公空间的墙面设计是一个宽泛的概念，归纳起来主要表现在门、窗、壁、装饰壁画等方面。

1. 门的设计

门具有防盗、遮隔和开关空间的作用，除此之外，办公空间的门还有其他功能。

大门本应是防盗性要求很高的，但因属门面，是“面子”的主体，故常常通过保安值班或电子监视保障安全，转而使用通透堂皇的大门。

办公室大门（除个别特殊行业外）大都采用落地玻璃，或至少是通透的玻璃窗的大门（见图 4-18），其用意是让路人看到大门里面门厅的豪华装修和企业形象，起一定的广告宣传作用。如果希望加强其防盗性，可在外加通花的金属门。

图 4-18 透明玻璃门

办公空间里室内间隔的门也是设计应重点考虑的方面，原因是现代办公空间的窗户多以玻璃幕墙形式出现，剩余的墙面被文件柜所占据。所以，里面的房间门往往会成为装饰重点。房间门可按普通办公室、领导办公室和使用功能、人流量的不同而设计不同的规格和形式。办公空间房间门的常见形式有单门、双门、通透式门、全闭式门、推开式门、推拉式门、旋转式门等。

在一个办公楼中，也许会有多种形式的门，但其造型和用色应有一个基调，再进行变化，保证在塑造单位整体形象的主调下，进行变化和统一。

2. 窗的设计

窗的形式因直接影响整个建筑外观，故一般应由建筑设计来完成，但现代办公建筑的窗的面积较大，往往以玻璃幕墙的形式出现，因此对室内装饰效果影响很大。现代办公空间内墙面可供装饰的部位不多，一组或一个造型独特的窗户，会对整个室内环境的构成有重要的作用（见图 4-19）。

图 4-19 玻璃窗

3. 壁的设计

现代办公空间中，窗户的面积很大，加上资料柜往往占据大部分的墙壁，真正留下的空白墙壁已经很少，还要考虑在上面挂图表、图片、样品等。所以，在设计时，常常刻意留下一些墙壁空间，即所谓“留白”，使视觉上不觉得太拥挤。

办公空间的墙壁通常有三种：一是由于安全和隔音需要而做的实墙结构，材料常采用轻钢龙骨纸面石膏板（见图 4-20）或轻质砖；二是整体或局部镶嵌玻璃墙壁，有落地式玻璃间壁、半段式玻璃间壁、局部式落地玻璃间壁；三是用壁柜作间隔墙时的柜背板，要注意隔音和防盗的要求（见图 4-21）。

图 4-20　石膏板隔墙

图 4-21　壁柜式墙壁

玻璃墙壁在现代办公空间中很常见（见图 4-22），其优点有以下两点：一是领导可对各部门一目了然，便于管理，各部门之间也便于相互监督与协调工作；二是可以使同样的空间在视觉上显得更宽敞。

图 4-22　玻璃墙壁

以壁柜作间隔墙，既可以增加储放空间，又可以使室内空间更加简洁。办公空间的壁柜的主要功能是存放资料，所以在设计时要注意：首先要弄清公司或企业存放文件与物品的规格与重量及其存放的形式；其次是常用的文件和物品需要一目了然，对外展示的文件和物品要在壁柜上做专门的展示层格，或根据需要做展示照明；最后要重视壁柜的造型与形式。壁柜的门是构成环境气氛的重要因素，一组造型美观、色彩优雅的柜门，会给空间与环境增色不少。

三、地面装饰设计

办公空间的地面设计首先必须保证坚固耐久和使用的可靠性；其次，应满足耐磨、耐腐蚀、防滑、防潮、防水，甚至防静电等基本要求，并能与整体空间融为一体，为之增色。

1. 地面装饰设计的要求

进行办公空间的地面装饰设计时应考虑走步时减少噪声，管线铺设与电话、计算机等的连接等问题。可在水泥粉光地面上铺优质塑料胶类地毡，或水泥地面上铺实木地板，或可以铺橡胶底的地毯以便于将扁平的电缆

图 4-23 石材地面

线设置于地毯下;智能型办公空间或管线铺设要求较高的办公室,应于水泥地面上设架空木地板或抗静电地板,使管线的铺设、维修和调整均较方便。设置架空木地板后的室内净高也相应降低,高度应不低于2.4 m。由于办公建筑的管线设置方式与建筑及室内环境关系密切,因此设计时应与有关专业工种相互配合、协调。

2. 地面装饰设计的常见类型

1)铺天然石材或陶瓷地砖

用于室内地面装饰的天然石材有花岗石、大理石、青石板等。石材地面花纹自然、富丽堂皇、细腻光洁、清新凉爽。在办公室装修中,石材更多的是用在门厅、楼梯、外通道等地方,以提高装修档次(见图4-23)。

陶瓷地砖具有质地坚硬耐磨、花纹均匀整洁的特点,且造价远低于天然石材,在办公空间中用得较多。

2)铺木地板

木地板主要分实木地板、实木复合地板和复合地板,其中实木地板需要架空铺设。木地板多被用于营造高档环境氛围的办公场所,因其吸潮和不易产生静电的好处,也常被用于计算机和高级设备室的地面(见图4-24)。地面铺木地板会使空间外观清晰优雅,隔热保温性能好,脚感舒适,给空间环境以自然、温暖、亲切的感觉。

图 4-24 木地板地面

3)铺地毯

地毯具有吸音、隔音、保温、隔热、防滑、弹性好、脚感舒适以及外观优雅等使用性能和装饰特点,其铺设施工也较为方便快捷,最主要的是它非常适合办公空间的需要,可在下面埋设电话线、网线等(见图4-25)。目前,市场上地毯的品种主要有纯毛地毯、混纺地毯、化纤地毯等。

4)铺塑胶地板

塑胶地板是由人造合成树脂加入适量填料、颜料与麻布复合而成(见图4-26)。目前,国内塑胶地板主要有两种:一种为聚氯乙烯块材(PVC),另一种为氯化聚乙烯卷材(CPE)。后者的耐磨性和延伸性都优于前者。塑胶地板不仅具有独特的装饰效果,而且具有脚感舒适、质地柔韧、噪音小、易清洗等优点,但其最大缺点是不耐磨。所以,塑胶地板一般只适合用于人员走动不多,或使用期限短的地面。

5)铺设抗静电地板

办公空间的计算机设备一般很多,因此可根据需要,选择铺设抗静电地板(见图4-27)。抗静电地板的板基为优质水泥刨花板,四周为铝合金或防静电胶皮封边,表层为防滑高耐磨三聚氰胺防静电贴面,底面为铝箔或钢板。抗静电地板的架空高度一般为0.4米左右。架空层可布置管线或装设电气通信设备等。

图 4-25　地毯地面

图 4-26　塑胶地面

图 4-27　抗静电地板

思　考　题

1. 办公空间装饰材料的选择要注意哪些？现在市面上常见的装饰材料有哪些？请举 4～6 个实际案例。

2. 办公空间常见的顶棚形式有哪些？用对比的方式说明两种不同顶棚形式的优劣之处，用 PPT 的形式进行讲解。

第五章

办公空间设计流程

BANGONG KONGJIAN SHEJI LIUCHENG

■ **章节概述**：通过对办公空间设计流程的学习，让学生了解办公空间设计的基本程序与表达方式，以及办公空间设计中所包含的施工图纸内容。

■ **能力目标**：掌握办公空间设计的基本图形表现技法，并能绘制出简单的施工图纸。

■ **知识目标**：熟悉办公空间设计各个阶段的基本任务、制图内容以及设计表现图的相关知识。

■ **素质目标**：让学生能够对办公空间的设计流程有较强的认识，能够具备完成办公空间设计实际项目的能力。

办公空间设计是一项工程面涉及较广的工作，在设计中，我们需要有较高的专业素养和解决困难的能力，比如，如何去充分了解各种功能区域有很大差距的办公场所，如果处理人与室内环境的关系等。对刚学习办公空间设计的人员而言，只有把握更多的技巧，才能够解决所遇到的各种问题。对办公空间来说，掌握它的设计流程是一种有效地解决问题的方法。

合理的设计程序使得设计每一阶段的目标、任务、要求、时间以及工作方式都有一个明确的方向，否则，设计的过程会出现沟通不畅、理解不准确、达不到业主的要求、实施困难很大、反复修改等问题，那么好的、有效的设计程序是怎么样的？概括地说就是准确的理解、完整的表达。

办公空间设计的基本程序是以开始某一项目的设计为开端，进而完成各种分析，尔后以进入实际的规划布置阶段结束，一般可以分为以下几个环节。

第一节 设计策划阶段

设计的最初阶段，即是“目标”的确立阶段。一项设计任务总是包含多方面的因素，包含着一些客观条件和来自各方面的需求、愿望和制约。这些问题便是设计师确定“目标”的根据。设计的思考通常开始于四个最基本的问题：为谁造就空间；机构的职能是什么；委托方有何意向；客观条件如何。

1. 为谁造就空间

为谁造就空间意味着设计师需了解此空间的未来使用者，包括机构内部人员、来访人员的大致规模和作为一个群体的工作方式、年龄结构、文化层次等，以及对个性化的需求。

2. 机构的职能是什么

在了解机构社会属性的基础上，设计师应该了解机构的整体运作方式和实现其职能的过程，还需了解机构内部各部门的组织结构、具体功能、分工及配合关系。正确认识机构的职能结构，是规划高效、节能的办公空间的直接依据。

3. 委托方有何意向

委托方可能是经营者，可能是未来的办公空间使用者，也可能是另外的投资人，但不管怎样，委托方对于办公方式、空间使用、环境形象等方面的意向，通常表达了机构运行的基本要求，往往具有一定的合理性和可行性。设计师需要了解委托方的种种愿望和要求的基本理由，在尊重委托方合理意见的前提下，共同寻找解决问题的途径，以便达成共识，把握使设计进一步深入的契机。

4. 客观条件如何

客观条件包括时间、地点、资金。

委托方从经营和效益的角度考虑，通常会严格控制项目设计及施工的期限，设计者应合理计划和安排设计、工程的进度，在可能的条件下尊重委托方对工期要求。

设计师应该亲临项目地点，对现场的空间朝向、尺度、模数、结构、采光、气流、视野等客观条件必须深入了解。

任何设计项目都受到资金投入的制约，设计应根据资金的情况准确定位。设计师应分析资金的总额及各分项目的经济投入，有效利用有限的资金。

一、可行性调研

1. 业主需求

业主需求是办公空间设计的重要参考依据。如果是招标项目，设计人员需要仔细参读招标文件，还应与业主进行深入细致的交谈，了解其思想行为、文化素质、职业背景、习俗信仰、财力地位等，耐心听取其对企业形象、办公方式、空间使用、装饰等级、预期效果等方面的意向。同时还应了解企业的组织结构、工作流程、业务特点及设备细节等方面的内容，了解空间使用者群体的工作方式、年龄结构、文化层次等，并在此基础上，为业主量身定做符合行业特点的、有针对性的办公空间设计方案。

2. 实地勘测

实地勘测是办公空间设计过程中必须进行的一项基础性设计调查。深入现场了解建筑物周边的基本情况，比照原建筑图纸(如平面图、立面图、剖面图等)，进行实地勘查和测量。以便了解现场的空间、尺度、模数、采光等客观条件，了解是否还需要完全或部分地使用现有的家具和设备，掌握现有家具设备的尺寸，列出能被再次使用的家具和设备清单等。实地勘测所得出的综合数据是办公空间设计的基本依据。

3. 市场调查

1)装饰材料市场调查

通过调查装饰材料市场，及时掌握新材料、新工艺，了解设计可能涉及的装饰材料品牌、质量、规格、价格、供货、环保安全等因素，筛选可能的材料范围，为设计出适宜、潮流的作品奠定基石。

2)家具市场调查

在办公空间室内设计过程中，除考虑办公家具的款式外，也要充分考虑它的实用性。通过调查办公家具市场，能加深了解办公家具品牌、质量、规格、价格等，办公家具的多样组合丰富了空间的形态，并对整体设计风格的协调起到促进作用。

3)同类空间调查

同类空间设计是设计的先行者，体现了此类空间设计的一般特点。同类空间考察主要有实地考察和间接考察两大类。实地考察主要是参观同类空间，了解同类空间的空间划分、交通流线、设计风格等相关内容，分析其存在的优点和不足，能够更好地帮助设计师展开设计；间接考察主要是研究和参考书籍上的国内外同类优秀案例，了解当前及未来的同类空间设计趋势，从中汲取灵感，能够更好地帮助设计师提高设计水平、提升设计品位。

二、设计定位

1. 分析整理数据

分析整理办公空间设计所需的各类信息和资料，总结并量化数据，包括各类建筑、家具和设备的数量、规格、尺度等，并进一步解析数据，列出表格，绘制系统关系图，为下一步设计展开提供翔实的数据支持。

2. 明确设计目标

明确办公空间的设计任务和要求（如办公空间的性质、功能、规模、档次、造价等），明确功能定位、人机关系定位、技术定位、预算定位、材料定位等。把业主的生活意识、审美层面、自我价值等逐步融入方案构思之中，通过客观的分析和深入的探讨，促使业主接受合理化建议。

从立意构思着手，找到设计的切入点，创作出创新意识和理性精神兼备的设计方案。

3. 拟定设计任务书

与业主进行协商，明确设计内容、条件、形式、经济、技术等细节问题，明确设计期限，制定设计计划，并就初步构思与计划达成共识，拟定一份合乎可行性研究的设计任务书。

第二节 初步设计阶段

一、方案初步

综合可行性调研报告的内容、设计定位的内涵和平面分析的成果，才能够从相应的构思与立意出发，开发出多套创意方案，如从空间形象上展开构思、从室内平面上寻找关系、从设计风格上定位构思、从历史人文中汲取灵感等，继而通过分析、比较、选择，确定最佳方案。

方案的初步设计阶段是将设计理念形象化的阶段，是通过草图或草模的方式研究设计构思，吸收和综合多方意见，进行调整和修改，然后经过再构思、出草图、再调整的反复斟酌阶段，最后形成各方都能接受的理想设计方案。这一阶段是设计流程中的重要阶段，是从创意到图示的关键阶段，方案初步设计完成，其基本轮廓已清晰呈现。

在此阶段，研究室内空间的主题与规划、方向与路径，研究工作与效率、方法与实施，研究空间利用的合理性和有效性，研究建筑与环境、室内与建筑之间的关系，并做平面功能分析，勾勒出初步的设计轮廓。

二、扩初设计

1. 家具布置

大致的功能空间分隔完成之后，就可以开始尝试在空间中布置家具和相关的设备。根据办公空间的风格类型，选择家具的样式。在这个阶段，确定基本家具布置在这个平面设计方案内的可行性是很重要的。在平面图里放置家具，应注意以下两点：①家具尺寸比例准确；②考虑房间的朝向。

2. 微调阶段

通过前期的家具布置，会发现在空间布局及分隔中存在的不合理之处，再次进行修改后可以直接进入功能分区方案平面图的绘制，对暴露出的新问题可以直接在草图中进行修改，在前图基础上进行又一轮循环。

3. 正式平面

在完成多次反复修改后，进行确定的室内平面图绘制，就会避免出现失误，在这种情况下完成的平面方案具有其空间适应的合理性。当然，一旦墙体分隔和交通道路正式展现于图面，又会出现新的矛盾，做出调整是不可避免的。正是在这种不断的调整中，平面方案才能走向相对完美。

第三节 施工设计阶段

办公空间设计与工程所涉及的施工技术可分为三个主要部分：一是土建施工，二是装饰施工，三是设备安装施工。

土建施工主要包括对建筑结构的改造和建筑空间的调整，是建造办公空间基本框架的工程。装饰施工所涉及的材料、工艺比较复杂，除施工技术的要求外，对施工工艺的美学标准也特别注重。设备安装施工所涉及的专业较多，如照明设备、空调设备、消防设备、用水设备、办公设备等。设备安装施工除按各自的技术标准执行外，还有很重要的一点就是各专业之间的协调问题，各技术小组必须相互理解、支持和配合，才能实现设计方案的整体效果。

装饰施工中存在的可变因素太复杂，很难有一个统一的标准可以包容全部内容。对这些工程施工的技术问题，设计方案中应予以充分考虑，要通过论证、设计大样、施工详图、工艺说明、施工要求等图示或文本形式反映出来，并且设计者要将设计方案对工程技术人员全面交底。在施工过程中，设计者还应该定期到工程现场了解施工进度和质量，协调解决施工的重点和难点，必要时应根据施工要求修改设计的局部方案。只有把设计与工程作为设计方案实现的一个整体来运作，才能保证设计构想的实施和施工的质量。

一、施工图设计

施工图设计要标准规范，因为图纸是施工的唯一科学依据。一套完整的施工图包括如下几个方面。

1. 墙体定位图

墙体定位图如图 5-1 所示。

2. 平面布置图

用平面布置图进行总体规划、陈设物布局，如图 5-2 所示。

3. 吊顶布置图

吊顶布置图如图 5-3 所示。

4. 地面铺装及索引图

地面铺装及索引图如图 5-4 所示。

5.（立）剖面图

会议室立面图如图 5-5 所示。

大会议室立面图如图 5-6 所示。

小会议室立面图如图 5-7 所示。

中会议室（A 型）立面图如图 5-8 所示。

中会议室（B 型）立面图如图 5-9 所示。

行政经理办公室立面图如图 5-10 所示。

行政经理休息室立面图如图 5-11 所示。

董事长办公室立面图如图 5-12 所示。

董事助理办公室立面图如图 5-13 所示。

董事长休息室及卫生间立面图如图 5-14 所示。

工程部经理办公室立面图如图 5-15 所示。

销售部经理办公室立面图如图 5-16 所示。

A 型办公室立面图如图 5-17 所示。

B 型办公室立面图如图 5-18、图 5-19 所示。

票据室立面图如图 5-20 所示。

行政秘书办公室立面图如图 5-21 所示。

设计总监办公室立面图如图 5-22 所示。

注：图中凡是未注明单位的数字，其单位为 mm。

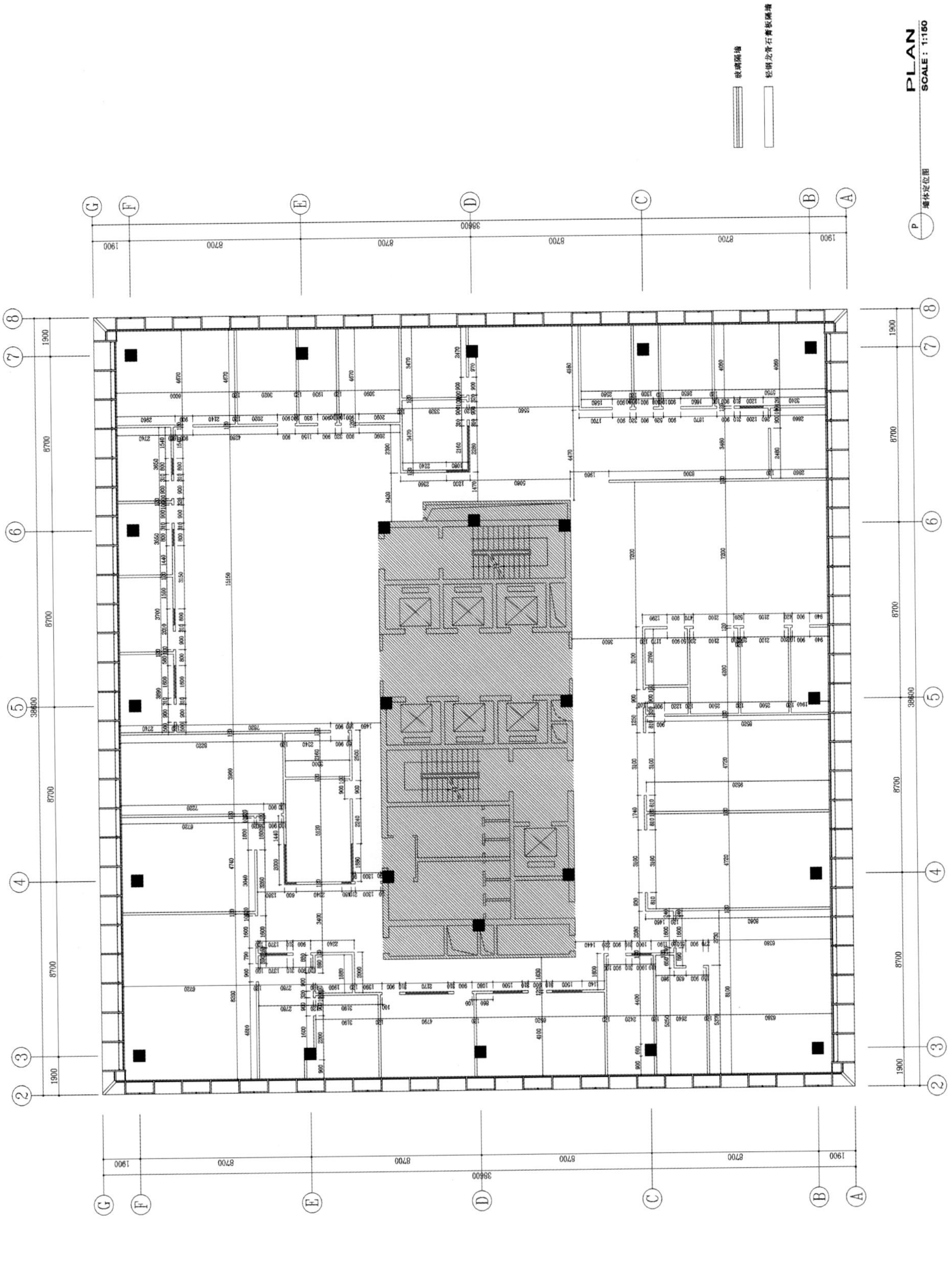

图 5-1　墙体定位图

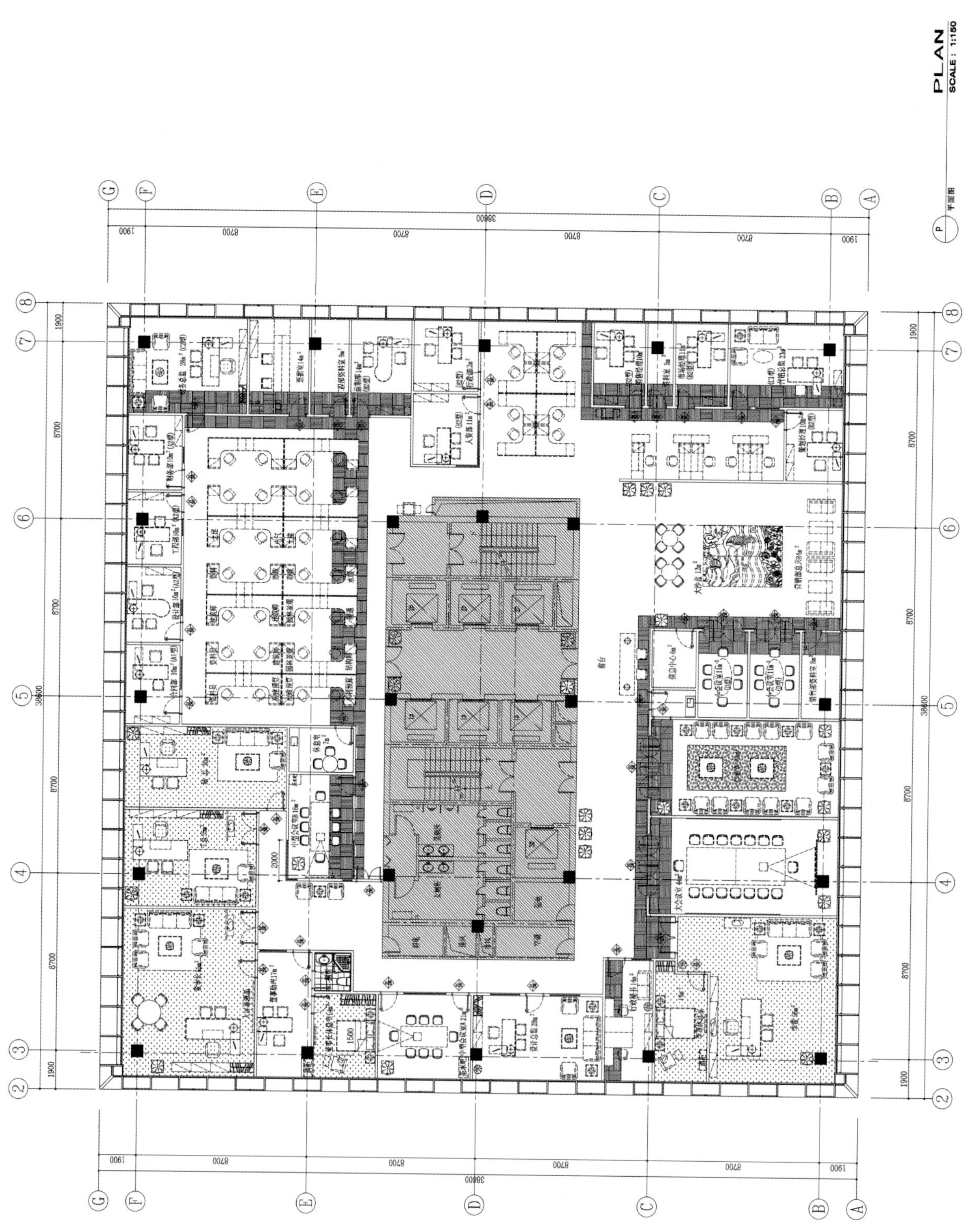

图 5-2 平面布置图

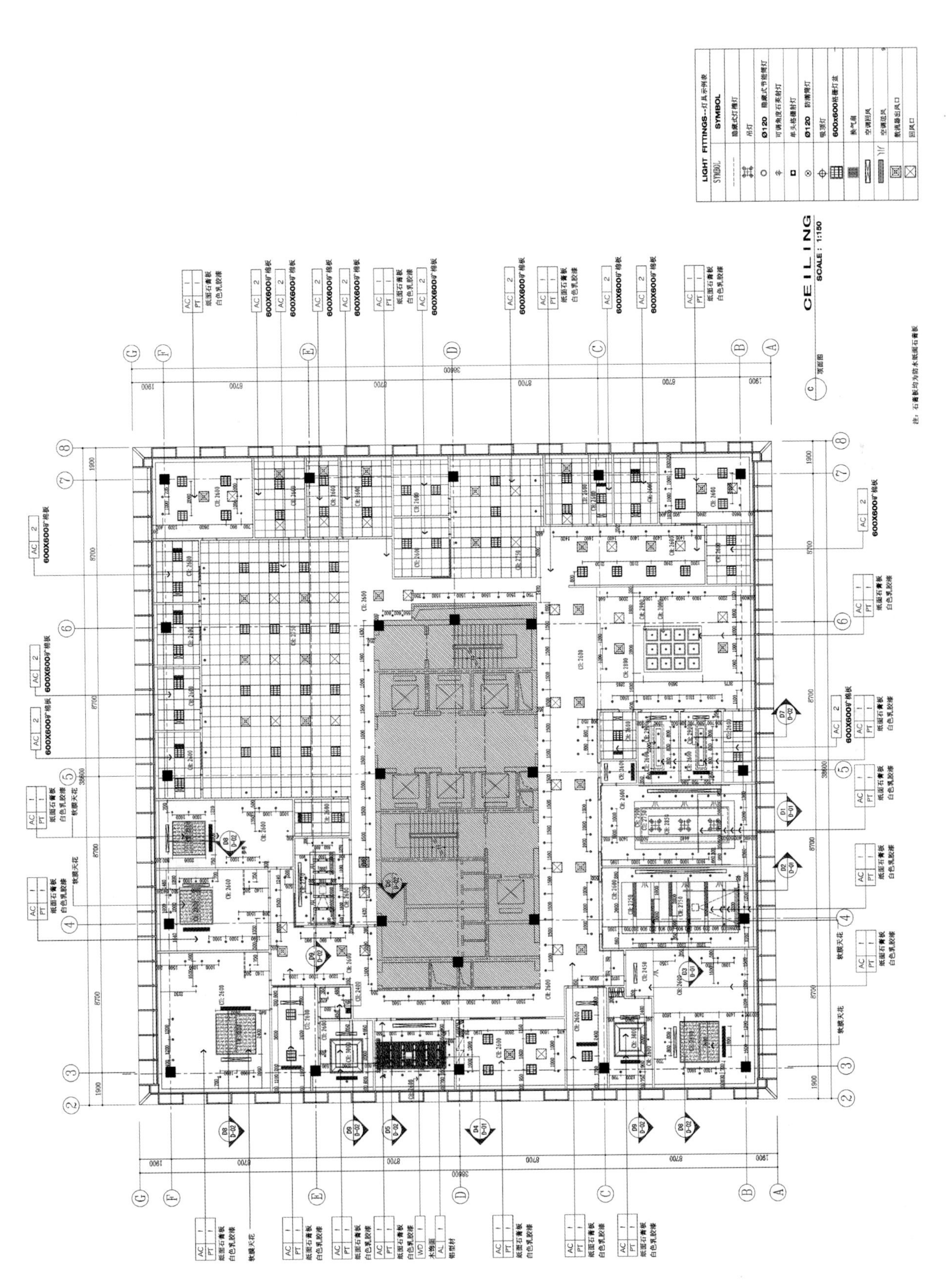

图 5 3　吊顶布置图

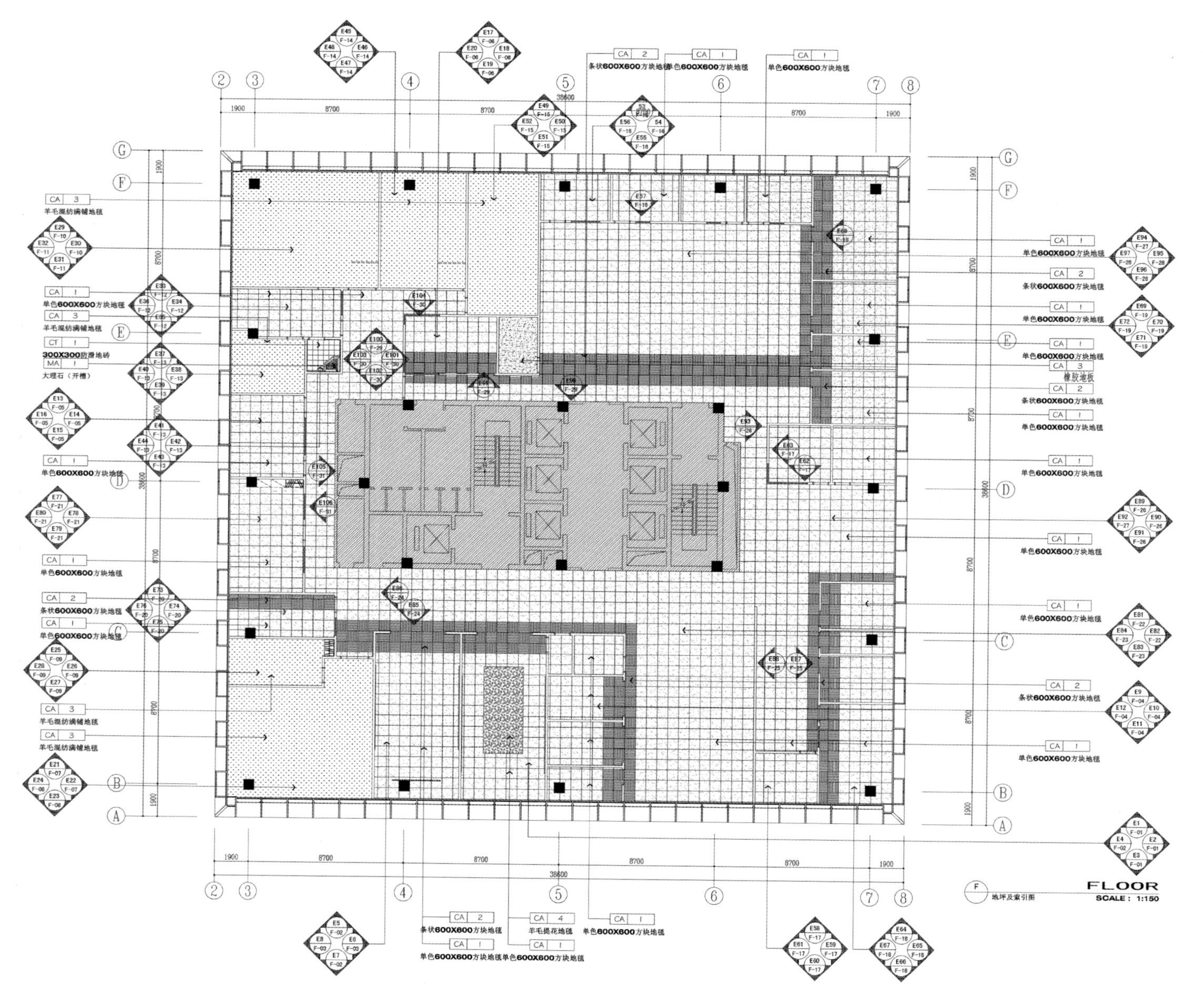

图 5-4 地面铺装及索引图

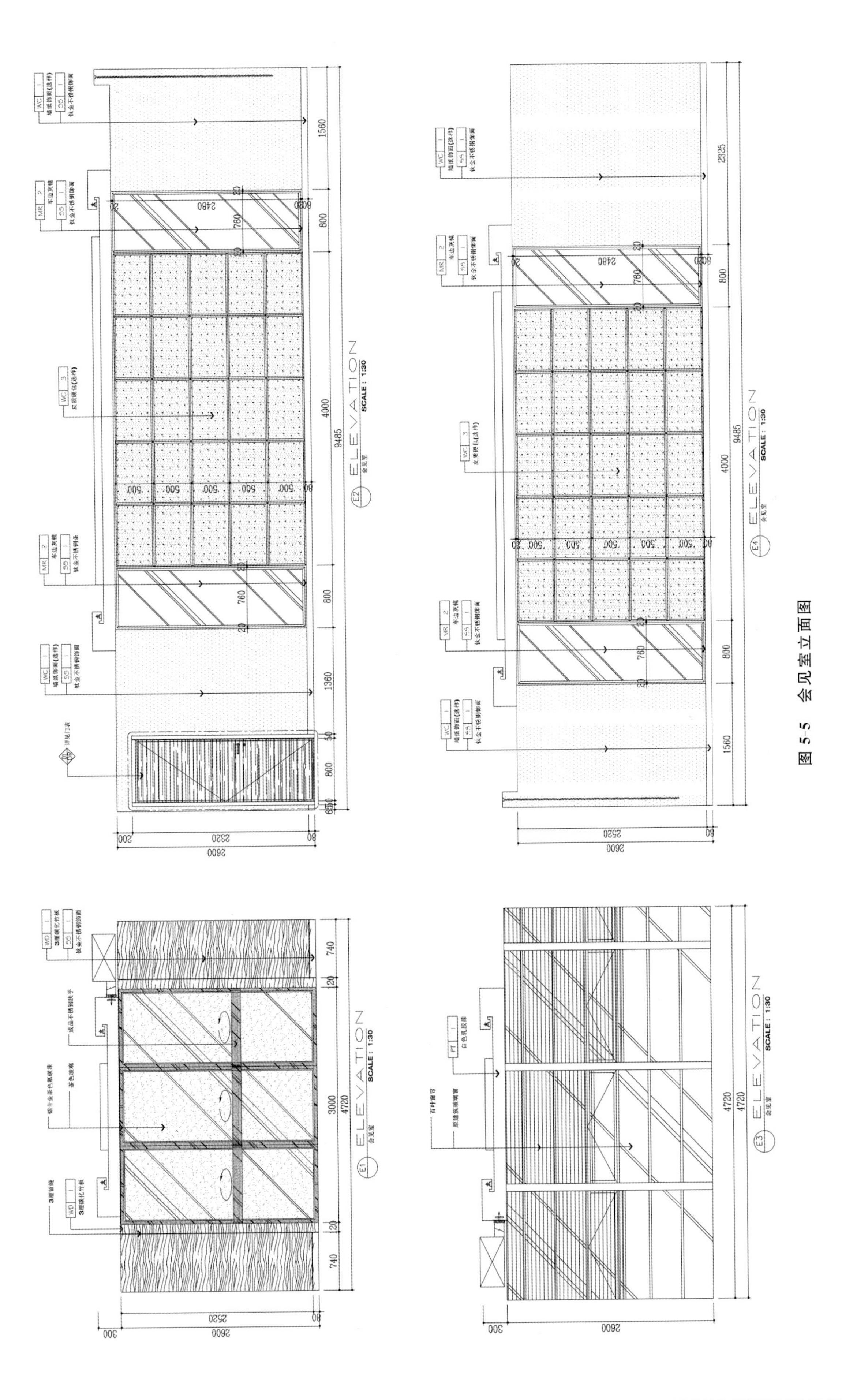
ELEVATION
SCALE : 1:30
ELEVATION
SCALE : 1:30
ELEVATION
SCALE : 1:30
ELEVATION
SCALE : 1:30

图 5-5 会见室立面图

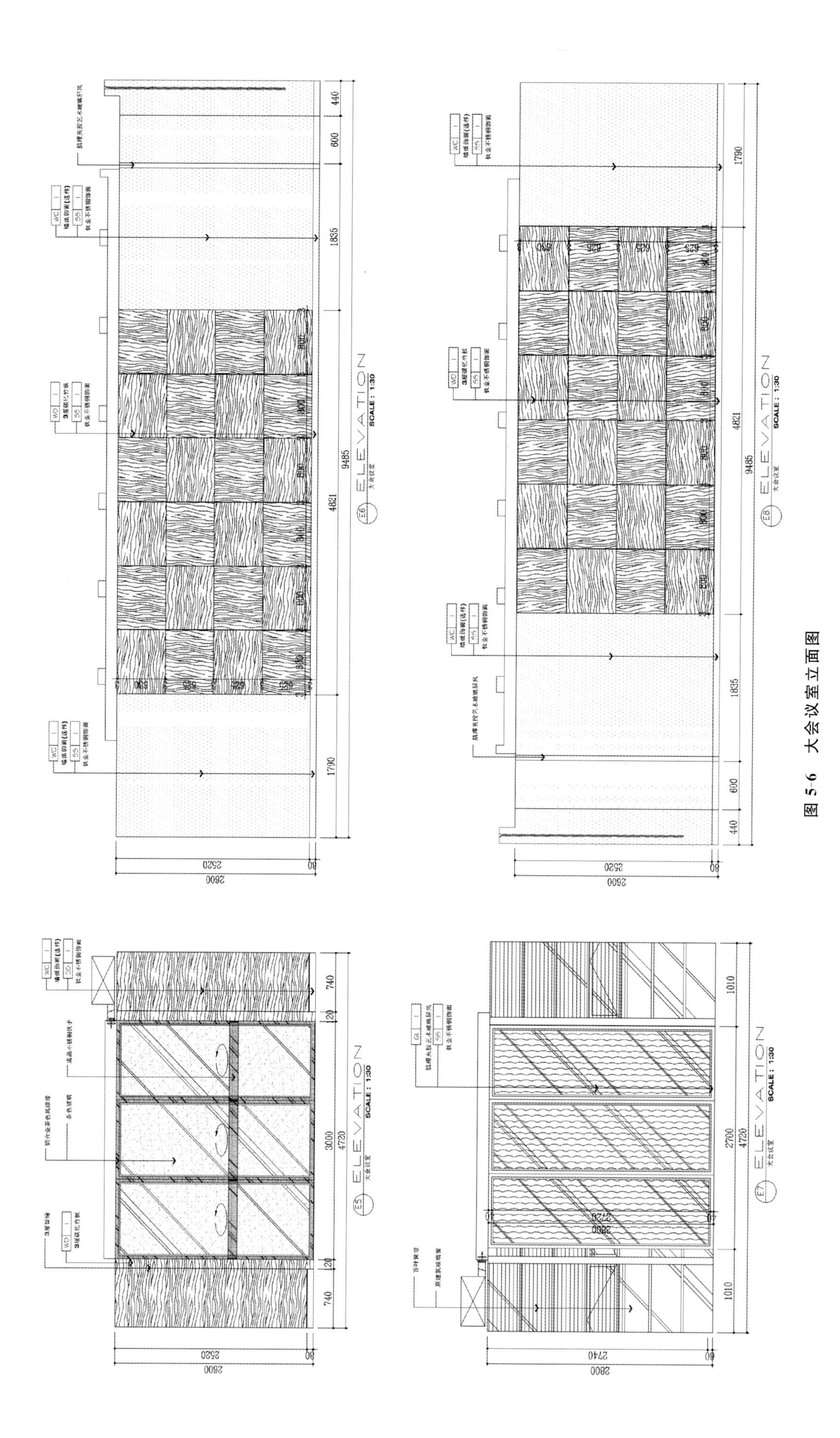

图 5-6　大会议室立面图

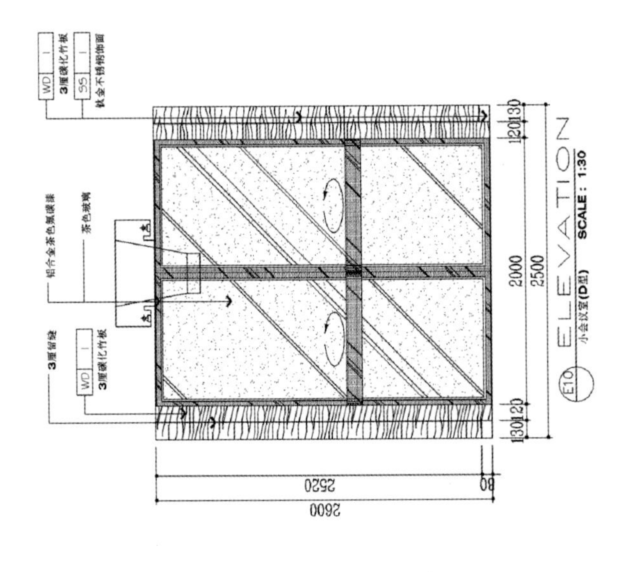

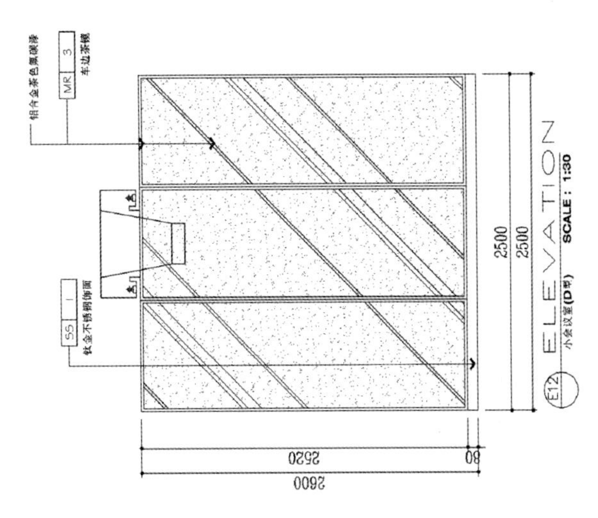

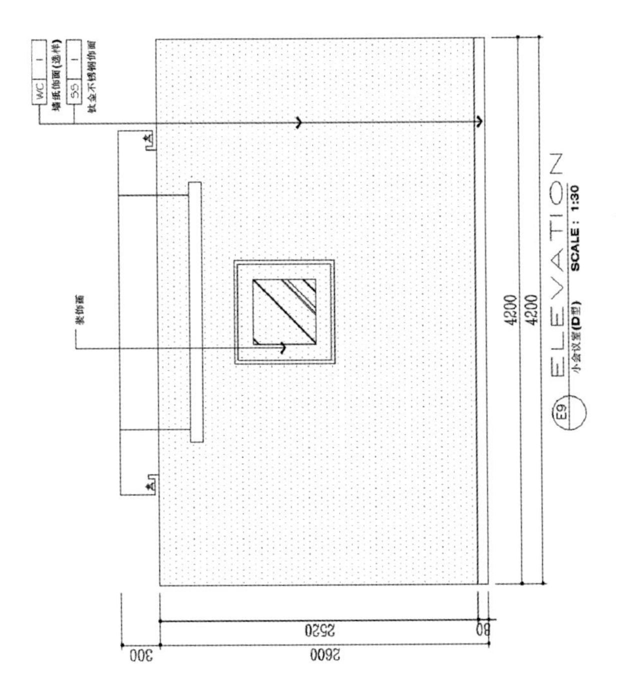

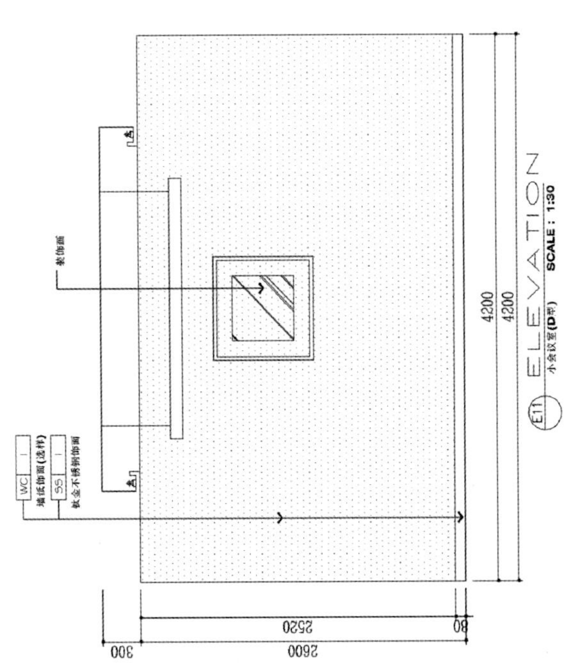

图 5-7　小会议室(D 型)立面图

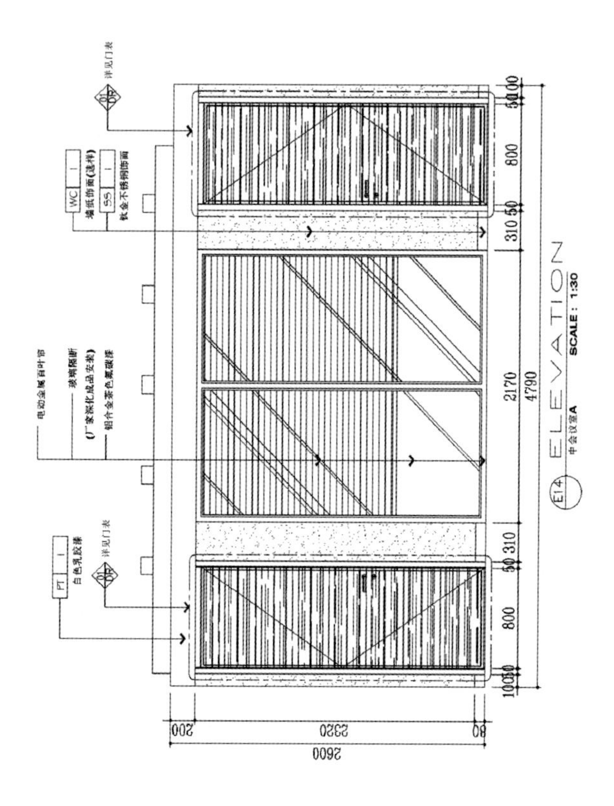

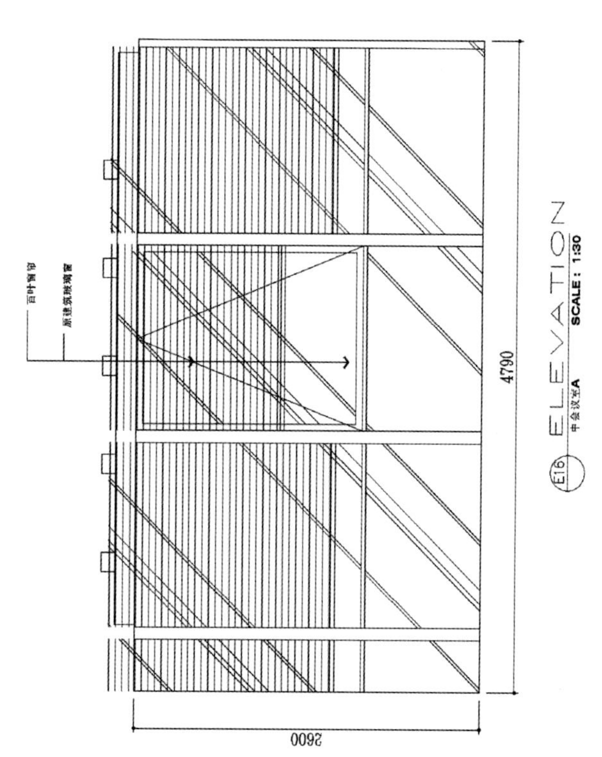

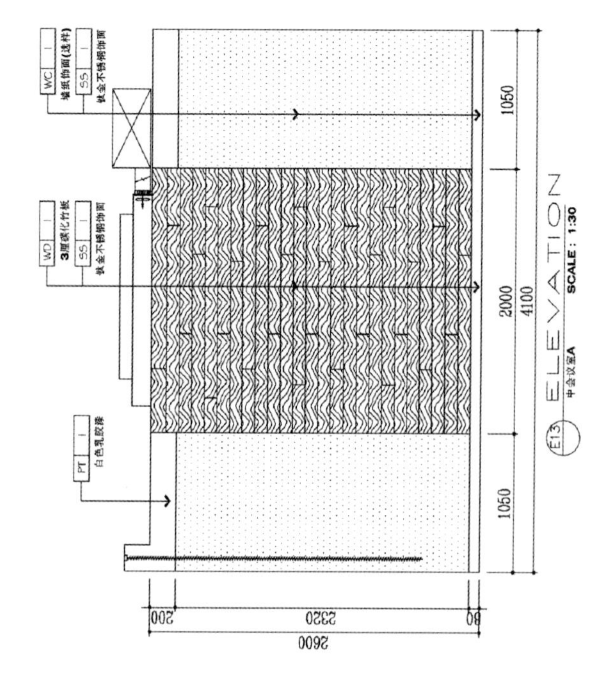

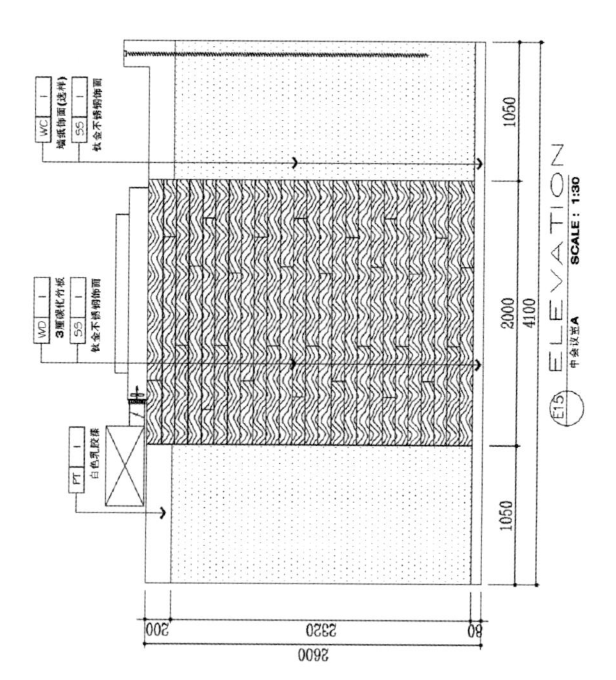

图 5-8　中会议室（A 型）立面图

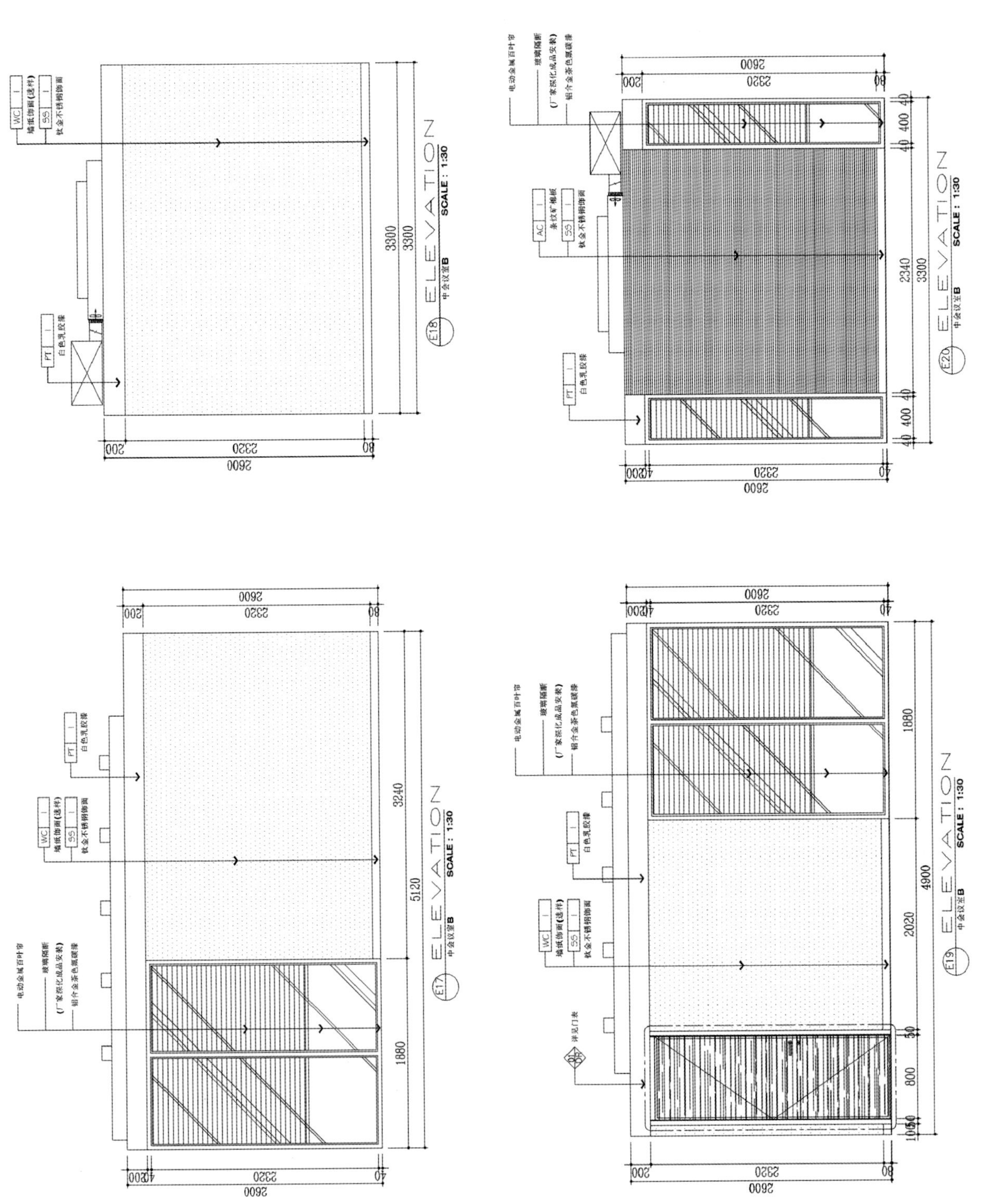

图 5-9　中会议室（B 型）立面图

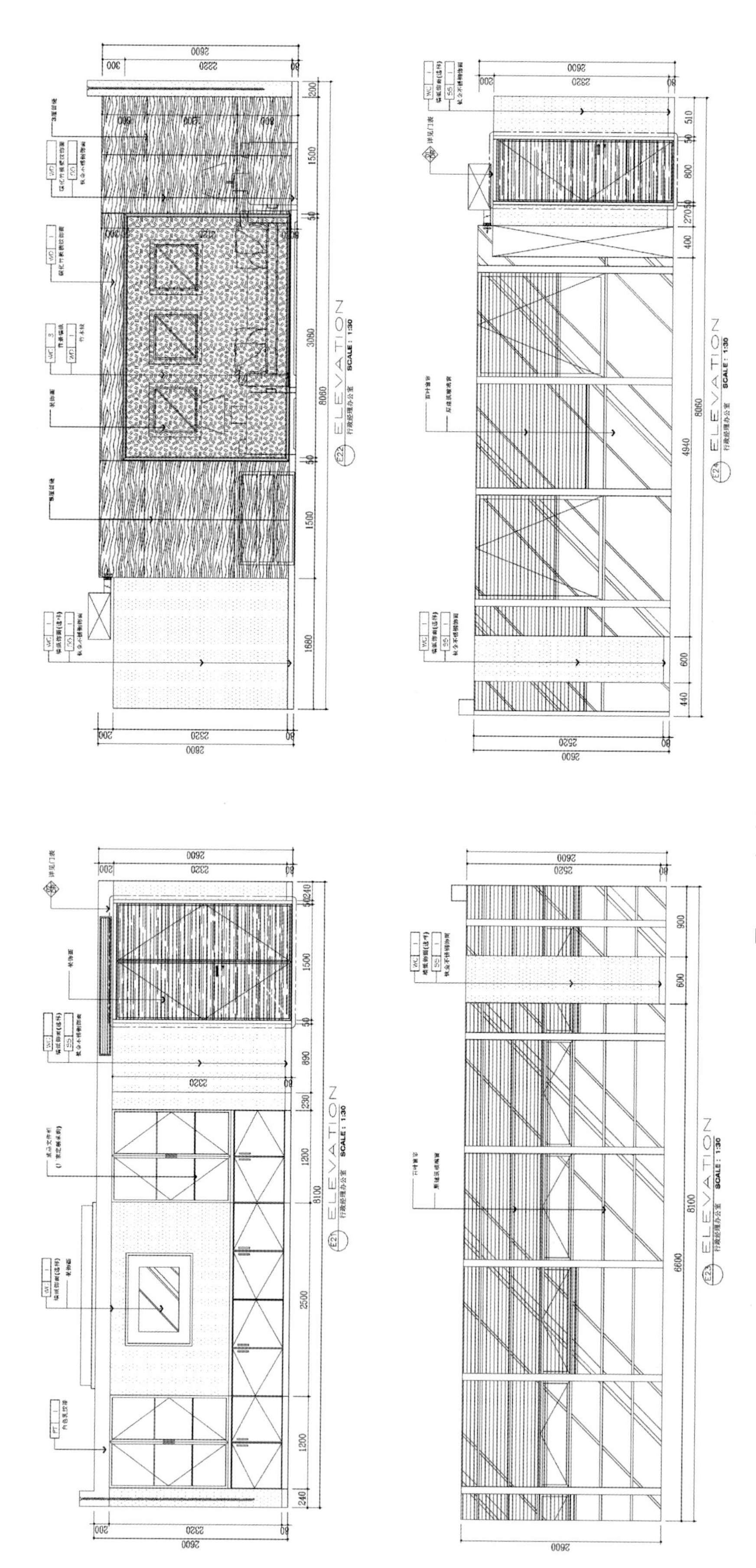

图 5-10　行政经理办公室立面图

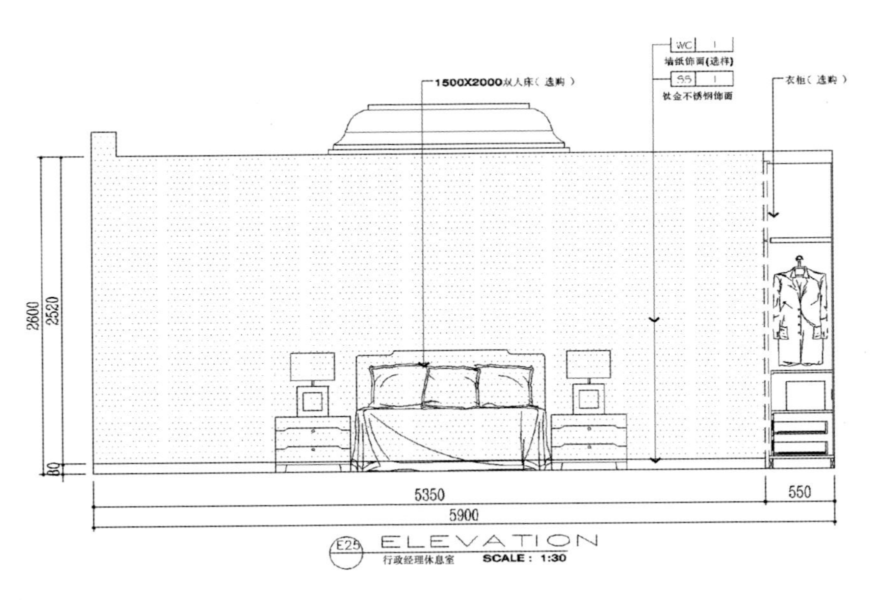

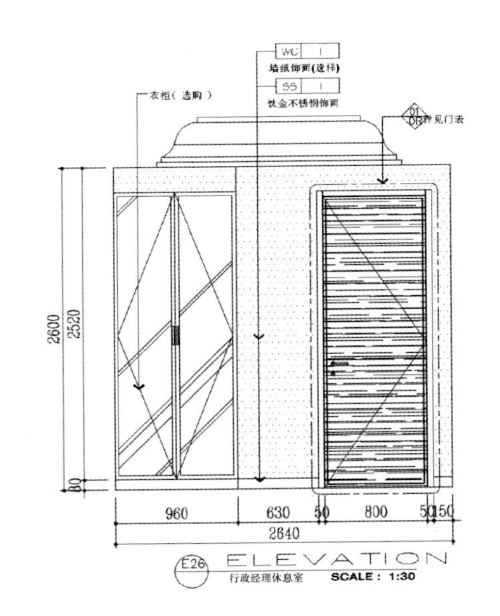

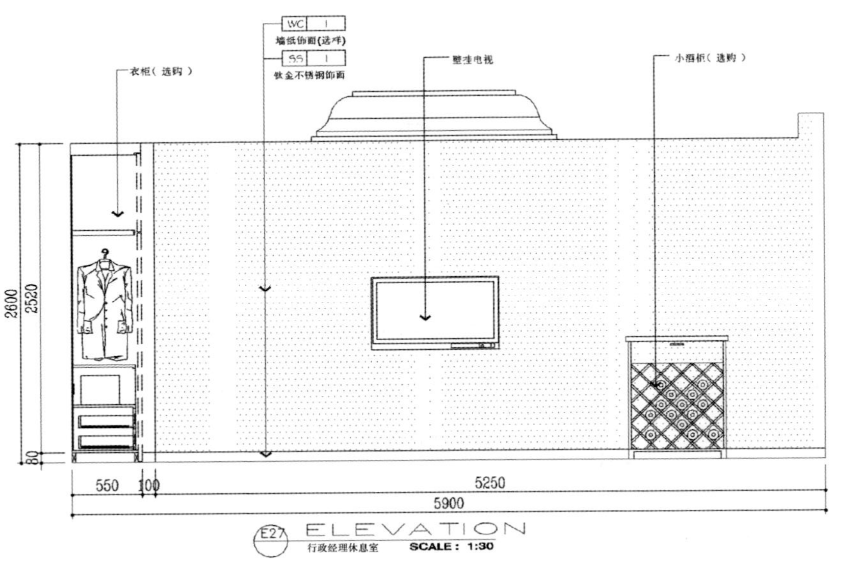

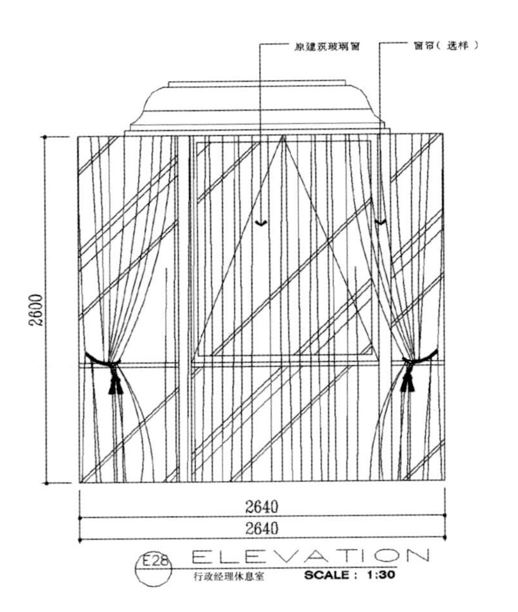

图 5-11 行政经理休息室立面图

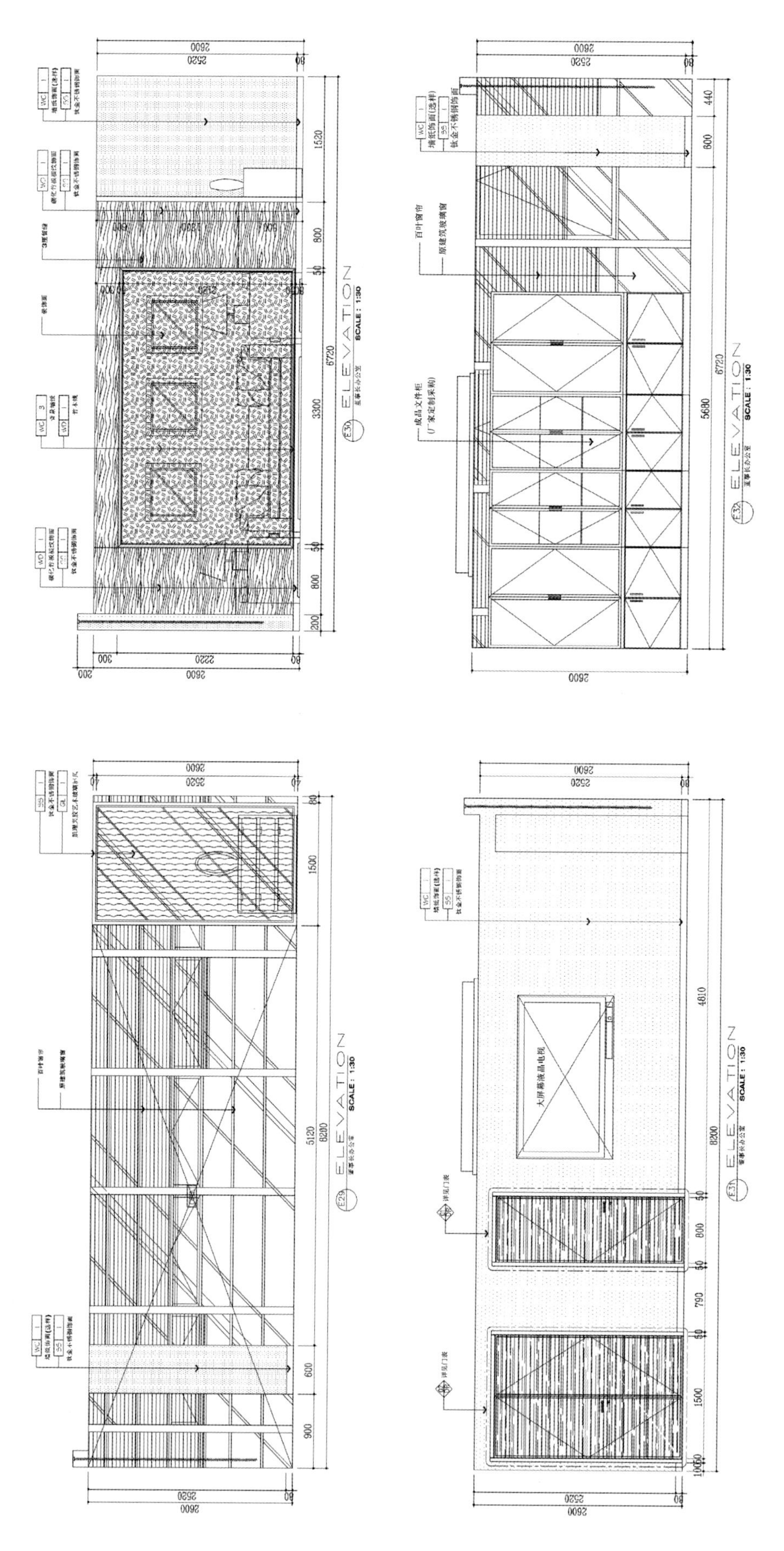

图 5-12　董事长办公室立面图

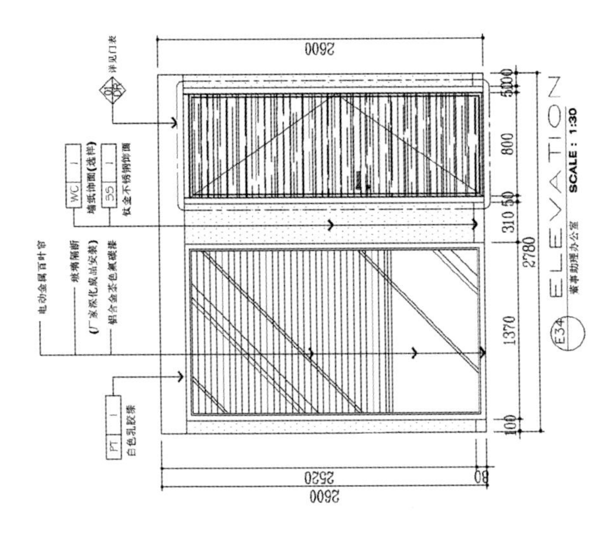

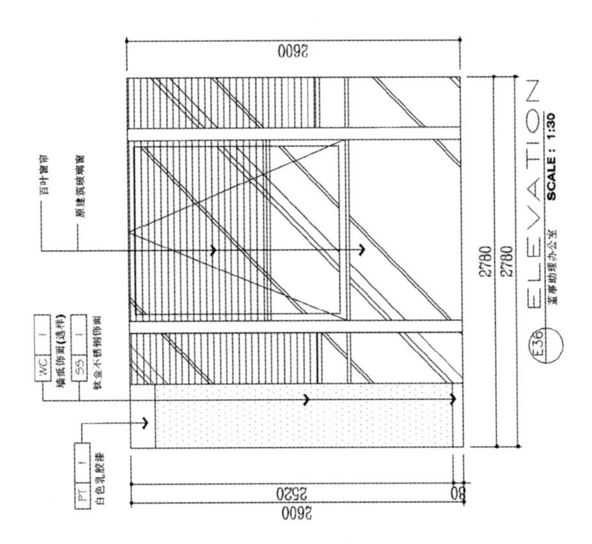

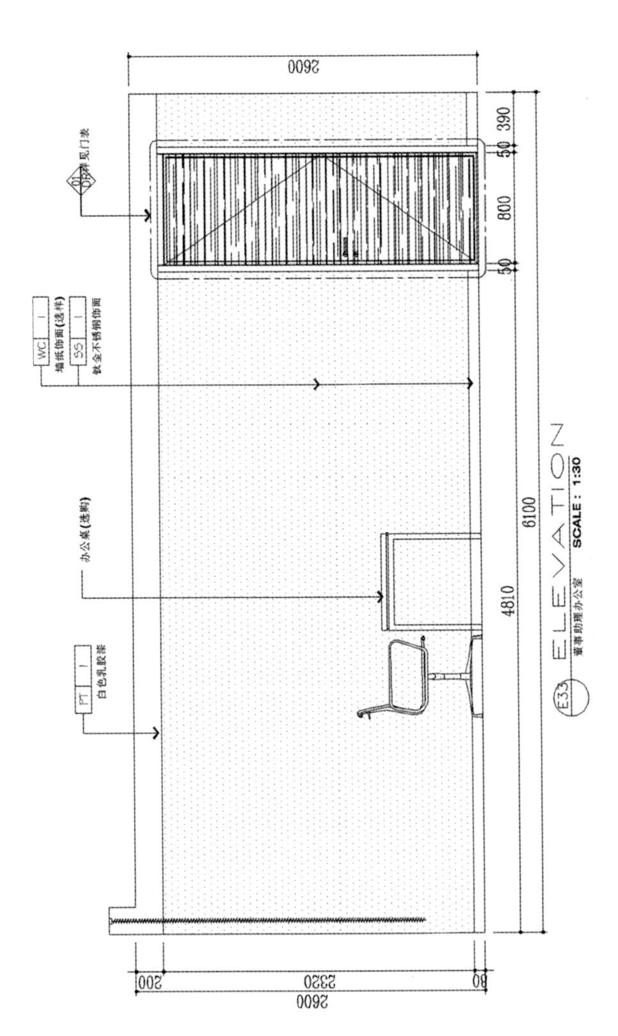

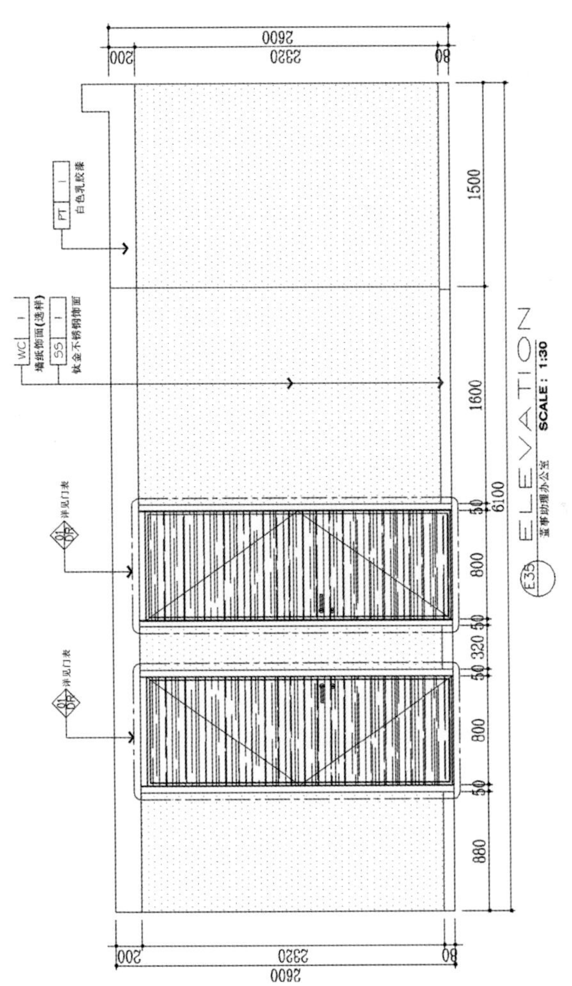

图 5-13　董事助理办公室立面图

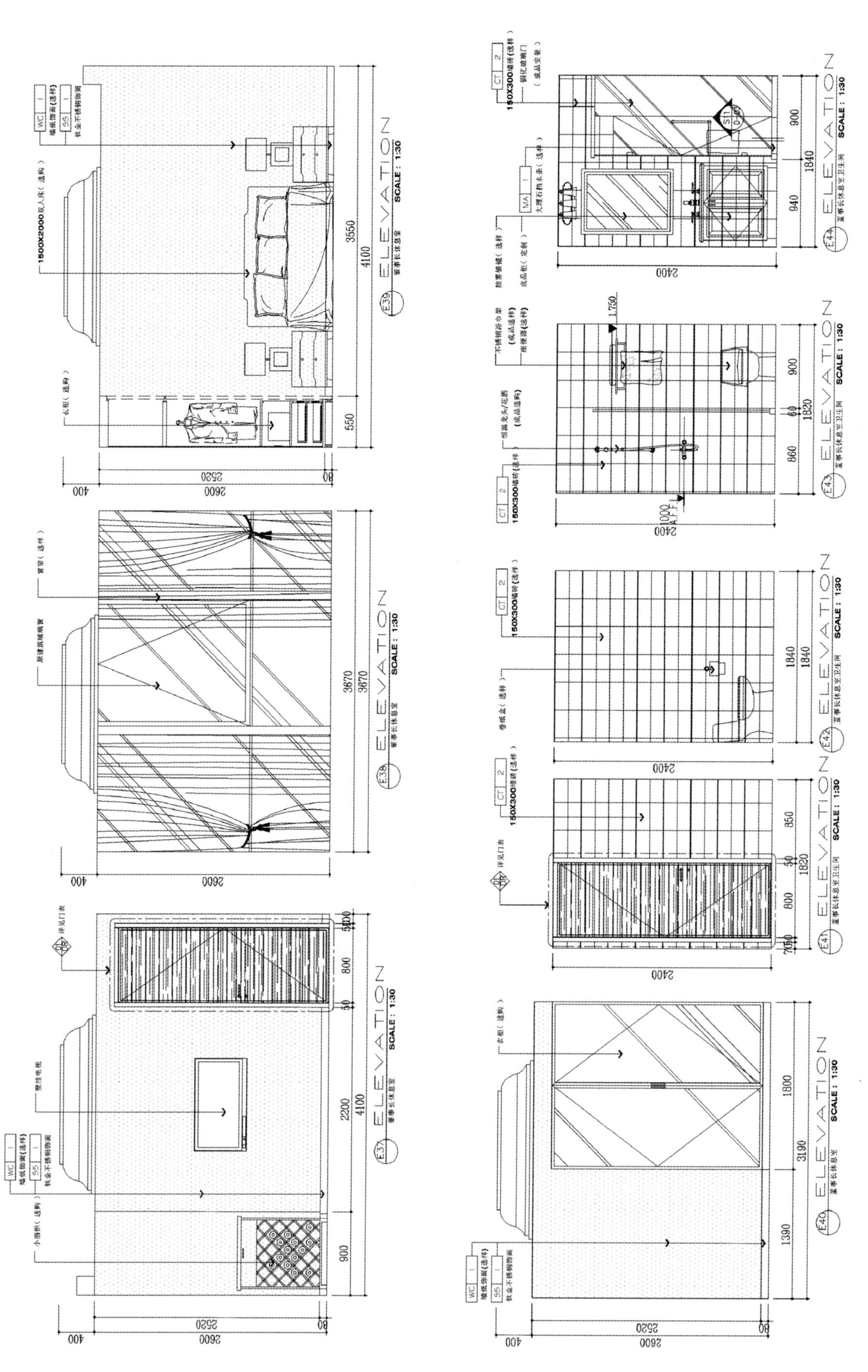

图 5-14 董事长休息室及卫生间立面图

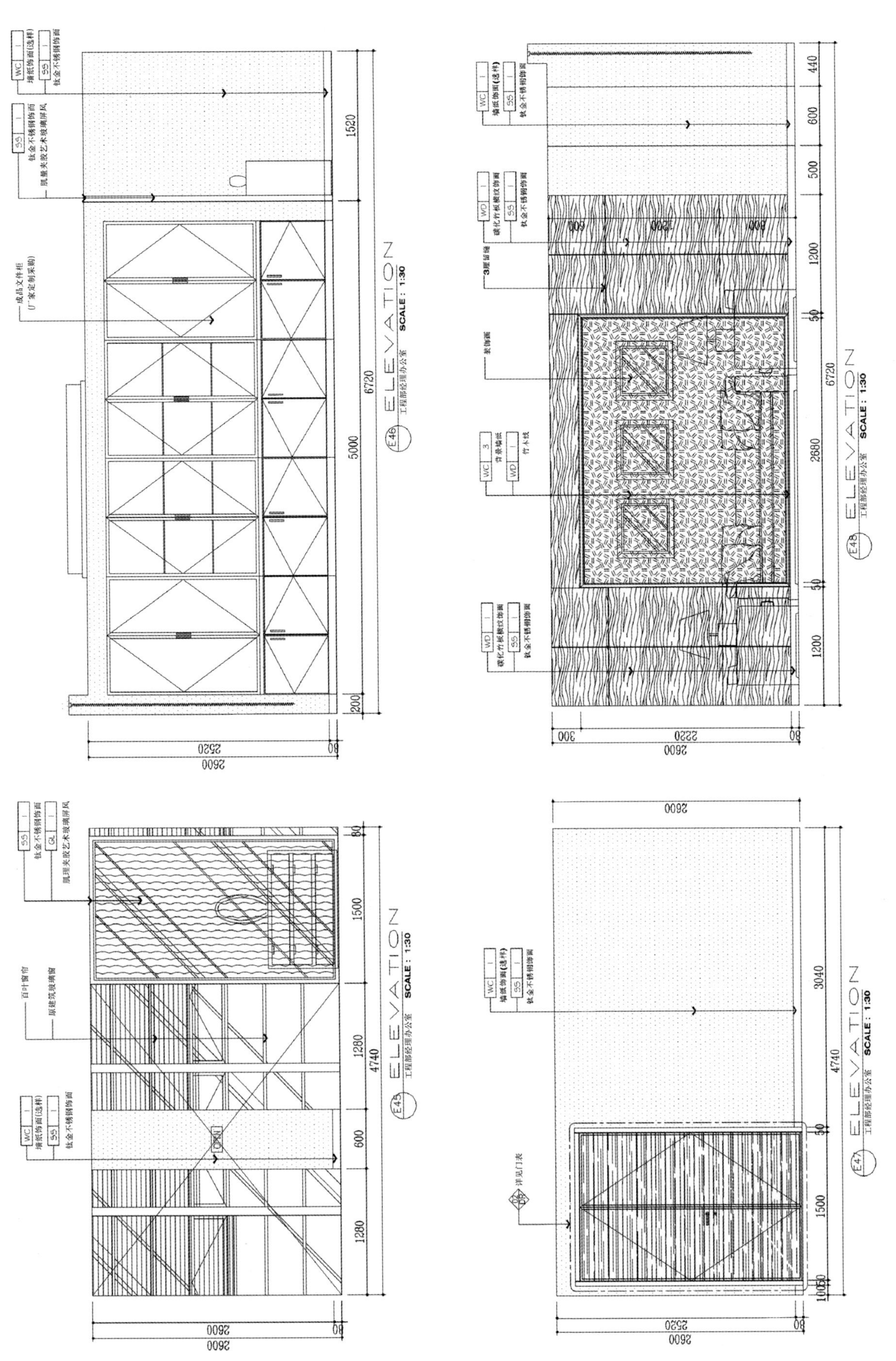

图 5-15 工程部经理办公室立面图

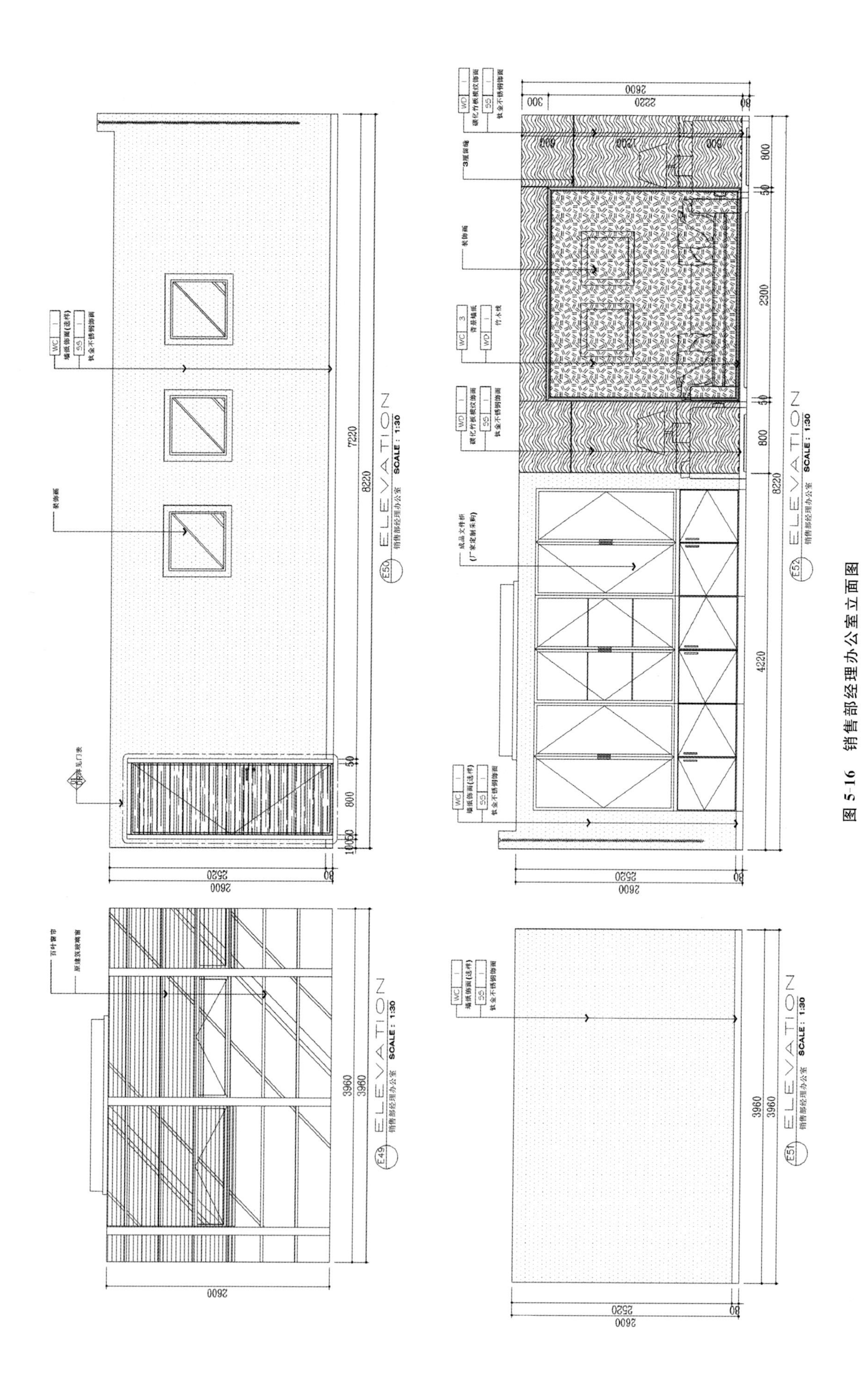

图 5-16　销售部经理办公室立面图

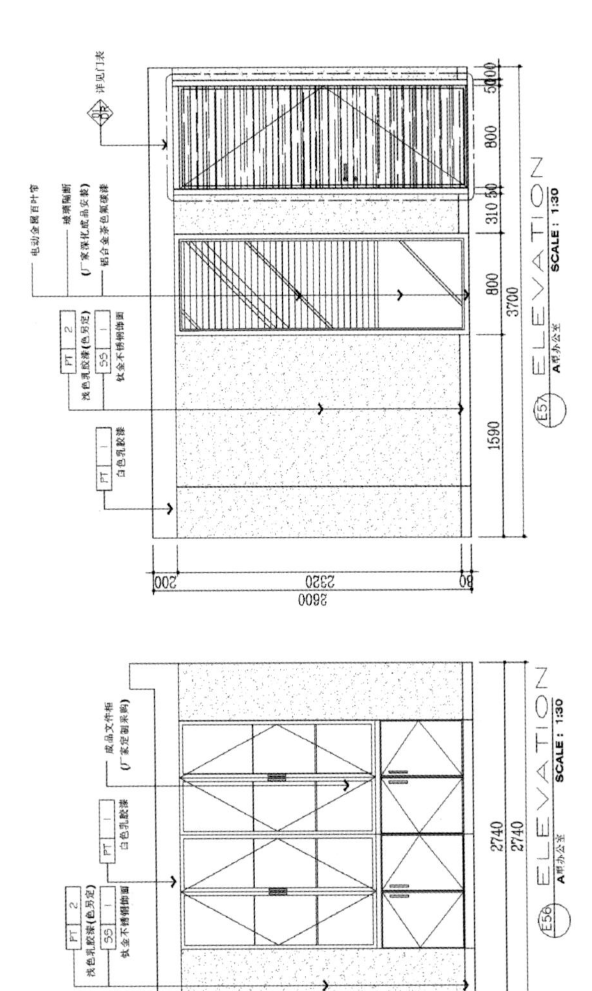

图 5-17　A 型办公室立面图

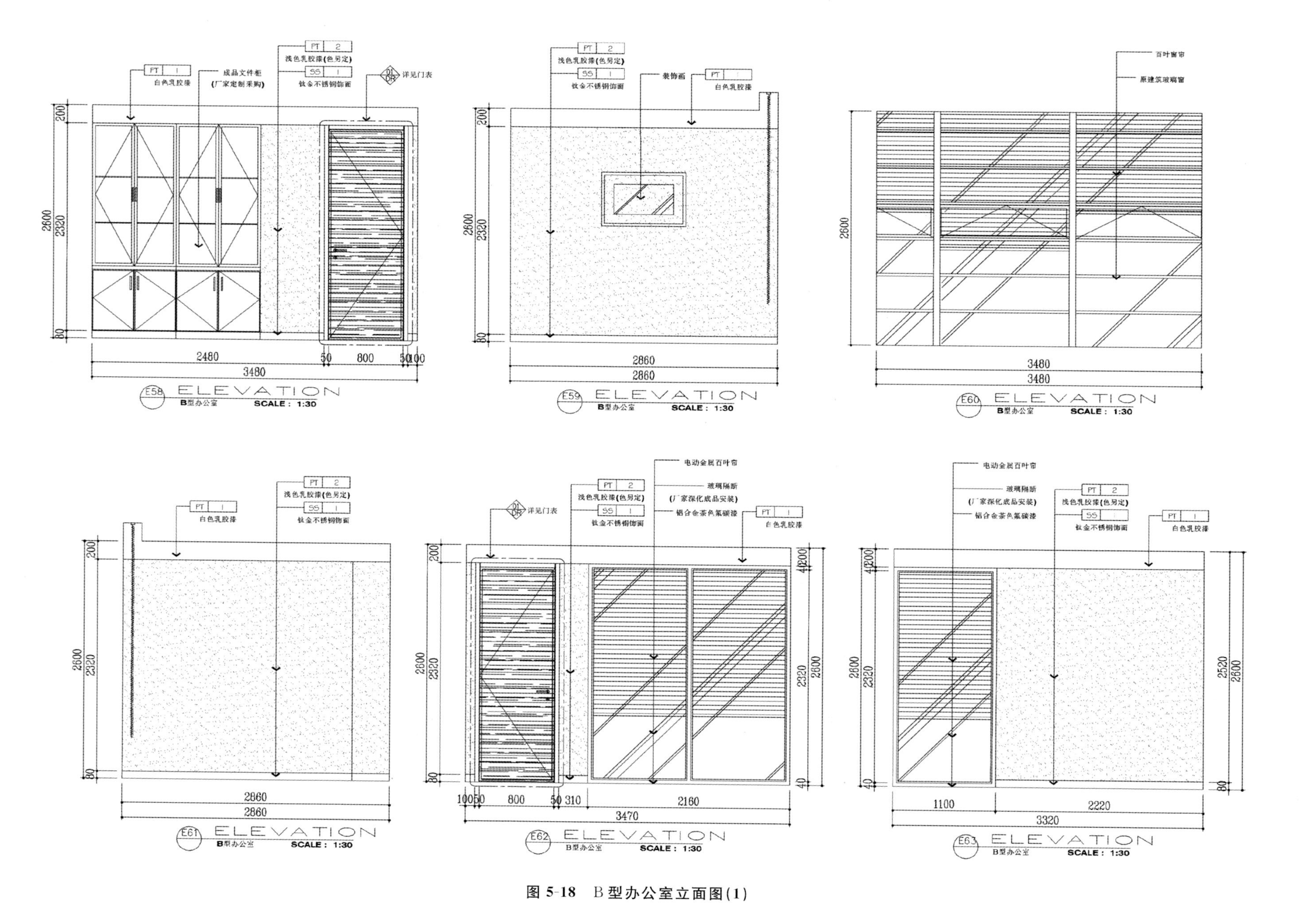

图 5-18　B 型办公室立面图(1)

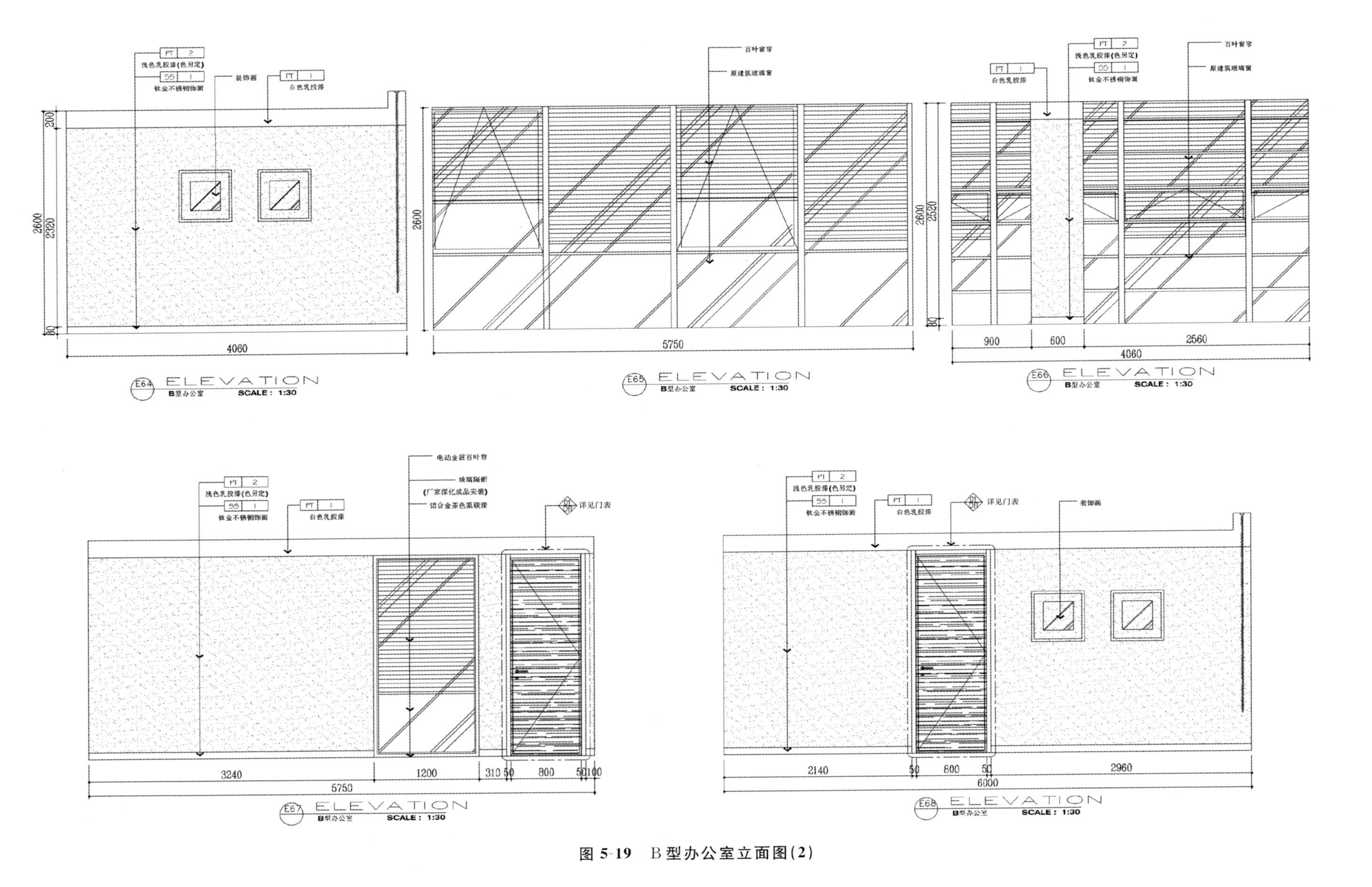

图 5-19 B型办公室立面图(2)

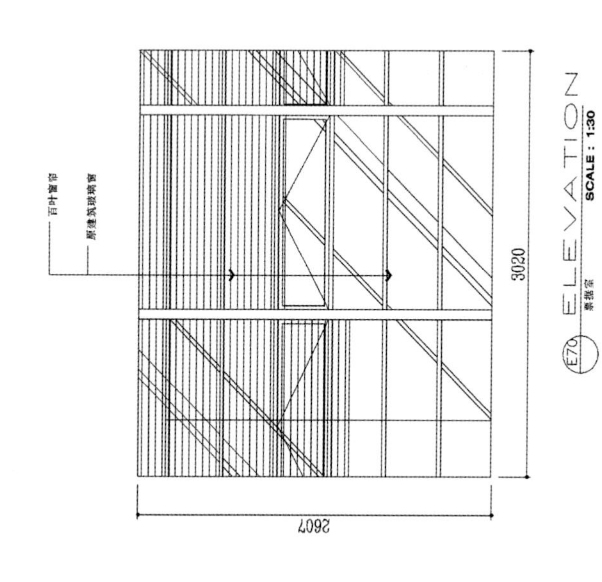
百叶窗帘
原建筑玻璃窗
3020
2607
E70
ELEVATION
票据室
SCALE : 1:30

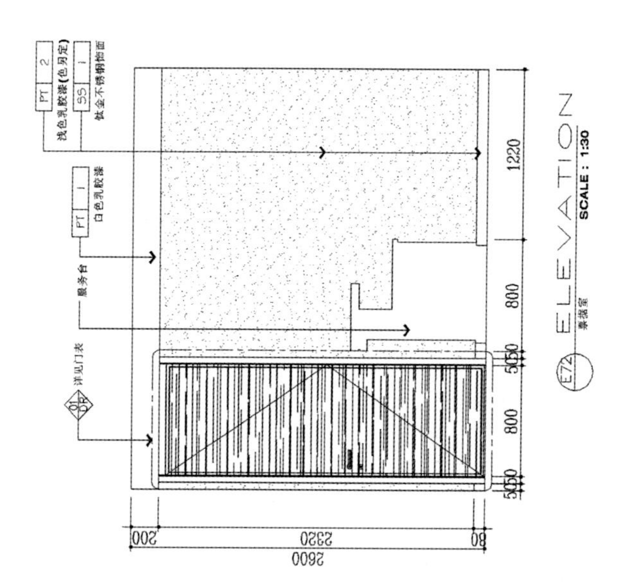
PT 2
浅色乳胶漆(色另定)
SS 1
钛金不锈钢饰面
PT 1
白色乳胶漆
服务台
详见门表
1220
800
50
800
50
200
2320
80
2600
E72
ELEVATION
票据室
SCALE : 1:30

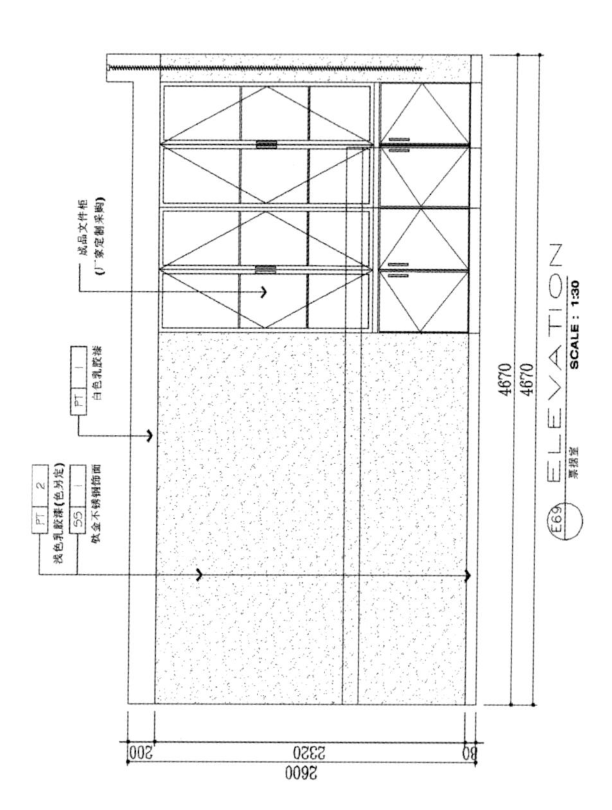
成品文件柜
(厂家定制采购)
PT 1
白色乳胶漆
PT 2
浅色乳胶漆(色另定)
SS 1
钛金不锈钢饰面
4670
4670
200
2320
80
2600
E69
ELEVATION
票据室
SCALE : 1:30

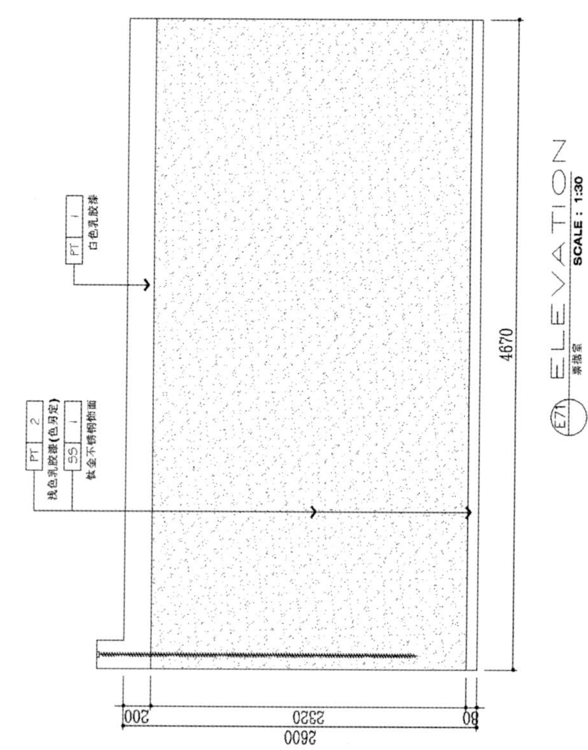
PT 1
白色乳胶漆
PT 2
浅色乳胶漆(色另定)
SS 1
钛金不锈钢饰面
4670
200
2320
80
2600
E71
ELEVATION
票据室
SCALE : 1:30

图 5-20　票据室立面图

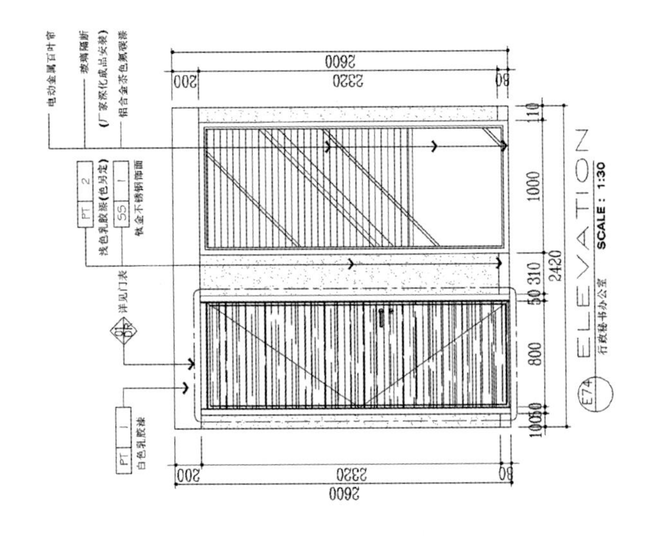

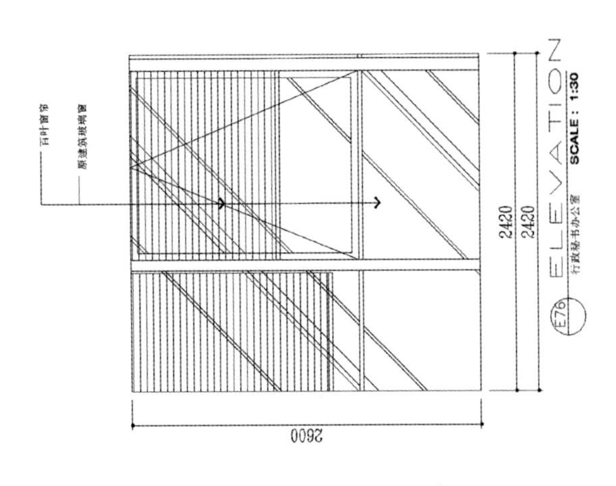

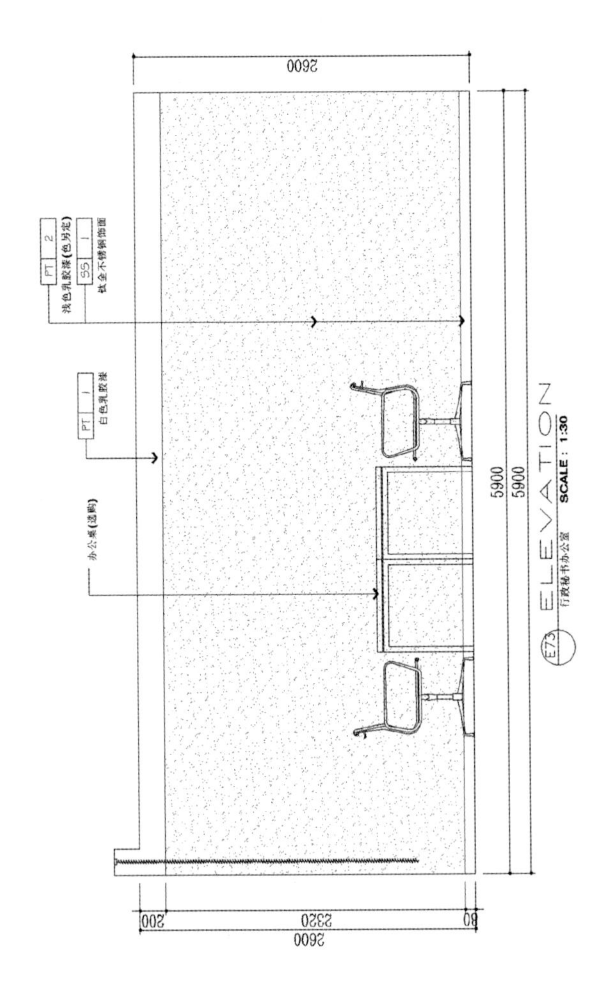

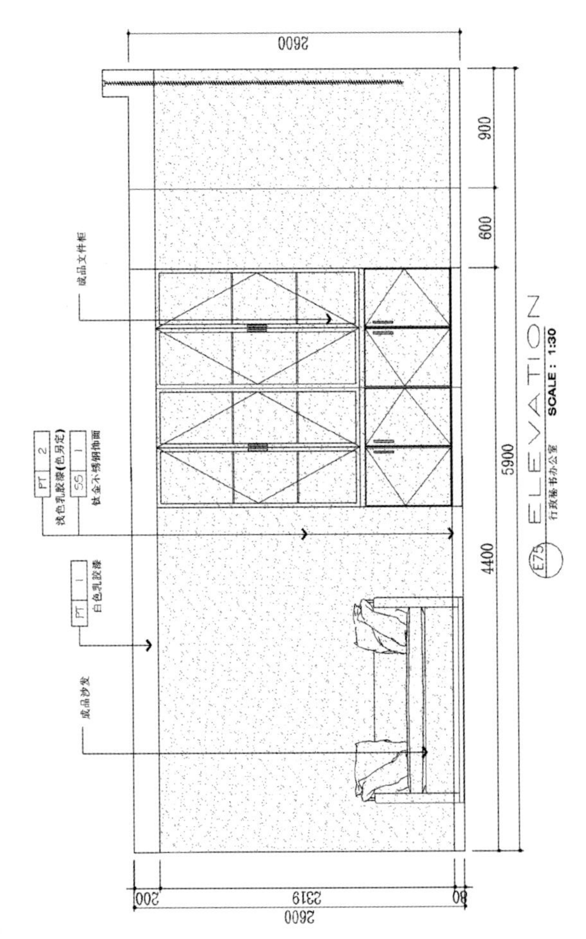

图 5-21　行政秘书办公室立面图

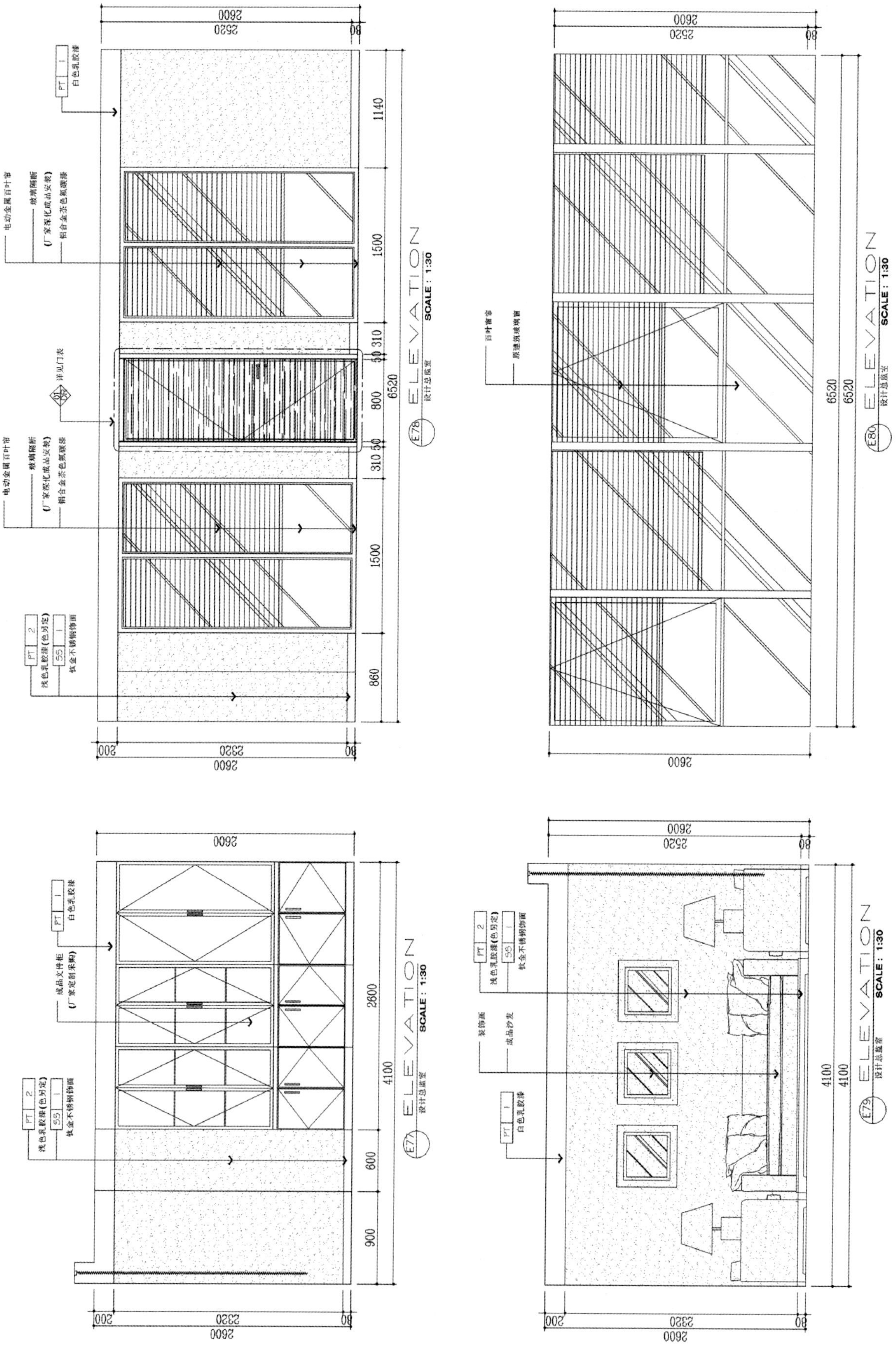

图 5-22 设计总监办公室立面图

与方案图不同的是，施工图里的平面图、立面图、顶面图主要表现地面、墙面、顶棚的构造样式、材料分界与搭配比例。顶面图上要标注灯具、供暖通风、消防烟感喷淋、音响设备等各类管口的位置。

施工图里的剖面图应详细表现不同材料与材料之间、材料与界面之间的连接构造。

施工图里的详图分为节点详图和大样详图。节点详图是剖面图的详解，其细部尺度多为不同界面转折和不同材料衔接过渡的构造表现，常用比例为1∶10～1∶1。大样详图多为平面图、立面图中特定装饰图案的施工放样表现。自由曲线多的图案需要加注坐标网格。

施工图完成后即可进入工程的施工。工程施工期间，有时还需要根据现场实况对施工图纸做局部修改或补充。

二、编制施工说明

施工图设计完成以后，需要编制施工说明。除说明项目名称、建设单位名称、建筑设计单位名称外，还需要根据以下主要内容进行编制：

①设计依据；

②工程项目概况；

③设计说明；

④装饰装修材料选用要求；

⑤施工说明；

⑥图纸说明。

三、编制施工图预算

施工图设计阶段应编制施工图预算，其造价应控制在批准的初步设计概算造价之内，如超过时，应分析原因并采取措施加以调整或上报审批。施工图预算是建筑单位和施工企业签订承包合同、拨付工程款和工程结算的依据，也是施工企业编制计划、实行经济核算和考核经营成果的依据。

思　考　题

1. 如何更好地在方案设计前了解委托方的意愿？怎样与委托方进行沟通和交流？可以分组进行实际演示。

2. 施工图设计阶段包括哪些图纸内容？

参考文献

BANGONG KONGJIAN SHEJI

[1] 来增祥,陆震纬.室内设计原理(上册)[M].北京:中国建筑工业出版社,2005.

[2] 赵振民.实用照明工程设计[M].天津:天津大学出版社,2003.

[3] 夏万爽.室内设计基础与实务[M].石家庄:河北美术出版社,2008.